2019年四川省重点出版专项资金资助项目

“一带一路”输电线路建设管理专业丛书

OBOR Transmission Line Construction and Management - Book Series

输电线路带电作业
实/训/教/程/（一）

Practical Training Course for Live Working on Power Transmission Lines（I）

丛书主编／汤晓青

本册主编／汤晓青

副 主 编／黄　敏　郑　勇　汤雨昕

编　　者／郑和平　毛　源　熊泽银　全昌前
杜印官　王　星　卢国栋　魏　欣
陈　立　刘　松　彭　广　覃　浩
陈　楠　邱中华　杨　力　廖家俊
陈蕾怡

译　　者／成都优译信息技术股份有限公司　译马网 jeemaa.com

电子科技大学出版社
University of Electronic Science and Technology of China Press

·成都·

图书在版编目(CIP)数据

输电线路带电作业实训教程. 一 / 汤晓青主编. --
成都：电子科技大学出版社，2019.12
ISBN 978-7-5647-7541-4

Ⅰ. ①输… Ⅱ. ①汤… Ⅲ. ①输电线路 - 带电作业 - 技术培训 - 教材 Ⅳ. ①TM726

中国版本图书馆CIP数据核字（2019）第287201号

输电线路带电作业实训教程(一)
SHUDIANXIANLU DAIDIAN ZUOYE SHIXUN JIAOCHENG YI

汤晓青　主编

策划编辑　陈松明　陈　亮　李述娜
责任编辑　李燕芩　罗国良
出版发行　电子科技大学出版社
　　　　　成都市一环路东一段159号电子信息产业大厦九楼　邮编　610051
主　　页　www.uestcp.com.cn
服务电话　028-83203399
邮购电话　028-83201495

印　　刷　成都市火炬印务有限公司
成品尺寸　185mm×260mm
印　　张　14.5
字　　数　376千字
版　　次　2019年12月第一版
印　　次　2019年12月第一次印刷
书　　号　ISBN 978-7-5647-7541-4
定　　价　58.00元

前　言

“‘一带一路’输电线路建设管理专业丛书”共分十册，该丛书全面系统地介绍了国家电网公司在输电线路上的建设、运行及维护知识。每册图书都由中文版和英译文版组成，可作为“一带一路”上的国家和地区的电力职业教育规划教材，职业教育电力技术类专业培训用书。该丛书的出版对于推动“一带一路”的输电线路管理具有重要的意义。

《输电线路带电作业实训教程》包括基础知识和技能实训项目两个部分，共分3册。

本书为第1册，是基础知识部分，主要介绍了架空输电线路带电作业中常用的基础知识。第1章输电线路带电作业基础理论，主要阐述架空输电线路带电作业基本方法及原理、带电作业过电压及其绝缘配合、带电作业安全防护等。第2章高处作业与现场救护，主要阐述高处作业的分级、安全要求和预控措施，外伤急救处理措施以及安全文明生产要求等。第3章带电作业工器具及其使用，主要阐述架空输电线路带电作业中常用的个人工器具、安全工器具和专用工器具的种类、使用方法和注意事项。

技能实训项目部分分为第2册和第3册。第2册主要内容有：带电断、接110kV线路空载引流线，带电更换110kV线路直线单片瓷质绝缘子，带电更换110kV线路防振锤，带电修补110kV线路导线（预绞丝和铝单丝），带电更换110kV线路耐张双串合成绝缘子，带电更换110kV线路耐张单串瓷质绝缘子等架空输电线路带电作业中主要工作任务的标准化作业程序和作业方法，，共计6个模块。第3册主要内容有：带电更换220kV线路耐张串横担侧连接金具，带电更换220kV线路耐张整串瓷质绝缘子，带电更换220kV线路直线整串玻璃绝缘子，带电更换500kV线路直线地线绝缘子，带电更换500kV线路四分裂间隔棒，带电更换500kV线路耐张单片玻璃绝缘子，带电更换500kV线路“V”型串单片玻璃绝缘子，带电更换500kV线路直线单片玻璃绝缘子等架空输电线路带电作业中主要工作任务的标准化作业程序和作业方法，共计8个模块。

本书根据《中华人民共和国国家职业标准》（高压线路带电检修11—045）、《国家电网公司生产技能人员职业能力培训规范》（Q/GDW232-2008）、《四川省电力公司生产人员岗位培训标准》等相关国家以及电力行业企业规程、规范和标准对输电线路带电作业人员的职业能力要求，结合《高压输配电线路施工运行与维护专业人才培养方案与课程标准》对培养学生岗位工作能力的要求，按照生产现场标准化作业的要求，组织来自企业生产一线的输电线路专业优秀技能人才，认真研究了电网企业生产实际和带电作业技术发展趋势，梳理了当前从事输电线路带电作业工作所需的知识和技能编撰而成。全书突出“工作任务导向、规范作业流程、理论知识够用，突出技能实训”的职业教育和培训特色，强调安全作业和标准化作业。为便于读者学习，书中主要采用了源自生产作业现场和技能实训现场的实拍图片，增加了本书的实用性和可读性。

由于编者知识、技能水平的不足，书中尚有诸多不妥之处，恳请读者批评指正。

编　者

2019年9月

Foreword

OBOR Transmission Line Construction and Management - Book Series totally include ten volumes. The books comprehensively and systematically introduce the knowledge of the State Grid in the construction, operation and maintenance of power transmission lines. Each volume of the books consists of Chinese version and English translation version, which can be used as the electric power vocational education planning textbooks for the countries and regions on the "Belt and Road", and the professional training books for vocational education in electric power technologies. The publication of the book series is of great significance for promoting the management of the power transmission lines on the "Belt and Road".

Practical Training Course for Live Working on Power Transmission Lines includes two parts which are basic knowledge and skill training projects with totally 3 volumes.

This book is the Volume 1 for basic knowledge, which mainly introduces the basic knowledge frequently used in the live working operations on overhead power transmission lines. Chapter 1 Basic Theory on Live Working of Power Transmission Lines mainly elaborates the basic methods and principles of live working on overhead transmission lines, the live working over voltage and insulation coordination, the safety protection for live working, etc. Chapter 2 Work at Heights and Field Rescue mainly elaborates the grading, safety requirements and precontrol measures for work at height, external injury rescue and treatment measures, requirements on safety and civilized production, etc. Chapter 3 Tools and Instruments for Live Working and their Usage mainly elaborates the types, use methods and precautions of the personal tools and instruments, safety tools and instruments, and special tools and instruments frequently used in the live working on overhead transmission lines.

The part for skill training projects is divided into Volume 2 and Volume 3. Volume 2 mainly introduces the standardized working procedures and working methods of the main operating tasks in the totally 6 modules: Live Disconnection/Connection of 110kV Line No-load Drainage Wire, Live Replacement of 110kV Line Linear Single Porcelain Insulator, Live Replacement of 110kV Line Vibration Damper, Live Repair of 110kV Line Conductors (Preformed Armor Rods and Aluminum Monofilament), Live Replacement of Tension Double-String Composite Insulator of 110kV Line, and Live Replacement of 110kV Line Tension Single-String Porcelain Insulator. Volume 3 mainly introduces the standardized working procedures and working methods of the main operating tasks in the totally 8 modules: Live Replacement for Tension-Resistant Strings Cross Arm Side Link Fitting of 220kV Line, Live Replacement of Whole String of Tension Porcelain Insulator for 220kV Line, Live Replacement of Linear Whole Glass Insulator of 220kV Line, Live Replacement of Linear Ground Wire Insulator of 500kV Line, Live Replacement of Quad-bundle Spacer of 500kV Line, Live Replacement for Strain Single Glass Insulator of 500kV Line, Live Replacement for V-type String Single Glass Insulator of 500kV Line, and Live Replacement for Linear Single Glass Insulator of 500kV Line.

In accordance with the requirements on the vocational abilities of personnel for live working on power transmission lines in the National Vocational Standards of the People's Republic of China (Live Maintenance of HV Lines 11-045), Training Specification on Vocational Ability of Production Skilled Personnel of State Grid Corporation of China (Q/GDW232-2008), Post Training Standard for Production Personnel of Sichuan Electric Power Corporation and other related national and power industry enterprise procedures, specifications and standards, in combination with the requirements on the cultivation of students' working abilities on post in the Training Scheme and Course Standard for Construction, Operation and Maintenance Professionals of High Voltage Power Transmission and Distribution Line, and according to the requirements on standardized operations on production site, the excellent skill talents in power transmission line specialties from the enterprise production front line are organized to carefully study the development trend of the technologies for actual and live working operations in power grid enterprises' production, and sort the knowledge and skills currently required by the live working operations for power transmission lines. This book is compiled with the outcomes of these studies and works. The whole book highlights the vocational education and training features "oriented by work tasks, standardizing work process, enriching theoretical knowledge, and highlighting skill trainings", and gives emphasis to the safe operations and standardized operations. For readers' easier learning, the real pictures from production and operation sites and skill training sites are used in this book, which have improved the practicability and readability of this book.

Due to the limited knowledge and skills of the editor, there are still many places that can be improved in the book, and the criticism and correction from readers are appreciated.

Editor

September 2019

目　录

Contents

第1章

输电线路带电作业基础理论

带电作业，是指作业人员使用符合一定要求的绝缘性能及机械强度的专用工器具，在带电运行的输配电线路及电气设备上，按照标准化作业程序，安全开展的运行维护工作。

带电作业是一种不停电状态下的特殊作业方式，是在强电磁场中进行的高处作业。因此，必须对作业条件加以限制，并根据作业条件选择合适的作业方法，还需根据作业对象的电压等级、几何尺寸和机械荷载选择工器具，编制并严格实施保证安全的完备的技术措施和安全措施，防止高电压、强电磁场对作业人员造成伤害，确保安全、质量和效率的高度统一。作业人员必须经过专业培训、考核合格，并经生产单位批准方可参与作业。

1.1 输电线路带电作业基本方法及原理

带电作业技术发展至今，已形成了相对成熟的带电作业方法体系。按作业人员与带电体相对位置分，有直接作业法和间接作业法；按作业人员所处电位分，有地电位作业法、中间电位作业法、等电位作业法。

由于架空输电线路处于开放的大气环境条件下，再加之其电压等级和具体结构的差异性，开展单次带电作业的作业目的和条件总是不尽相同，针对每次带电作业选择合理的带电作业方法非常重要。带电作业方法确定之后，要顺利完成带电作业工作任务，还需根据作业条件和相关规程规范要求确定具体作业工艺、明晰标准化作业程序、选配工器具、编制保证安全的技术措施和安全措施。掌握一定的绝缘材料相关知识是做好上述工作的前提和条件。

1.1.1 绝缘材料的电气特性

与输电线路带电作业相关的绝缘材料主要有空气、绝缘板材与管材、塑料薄膜、橡胶、绝缘漆、水等，可分为气体、固体和液体绝缘材料。绝缘材料的性能直接关系到带电作业安全。

当外加电场时，绝缘材料由于电位差而承载一定的电压，其表面及内部仅有极小的泄漏电流通过，可以认为是不导电的。当绝缘材料所处电场强度过高，承载的电压超过限值，或其有效绝缘长度不足时，绝缘材料会因为电击穿而丧失其绝缘性能，作业人员会因身体被迫流通大电流，从而危及人身安全。所以，必须重点对绝缘材料进行电气特性分析。在进行电气特性分析时，绝缘材料又被称为电介质。

1. 电介质的极化

对电介质进行电气特性分析的常用方法，是将其置于两个电极之间，通电以施加电场，通过检测其电气参数的变化规律，进而分析其电气特性。

在外加电场作用下，电介质中原来彼此中和的正、负电荷产生了位移，形成电矩，在介质表面出现束缚负荷，导致极板因吸附电荷增加造成其电容量增大。极板间放入电介质时的电容量与极板间为真空时的电容量的比值，被称为电介质的相对介电常数，它表征电介质在电场作用下极化现象的强弱，如式（1-1-1）所示：

$$\varepsilon_r = \frac{\varepsilon}{\varepsilon_0} = \frac{C}{C_0} \tag{1-1-1}$$

式中：ε_r——电介质的相对介电常数；

ε——电介质的电介常数；

ε_0——真空的电介常数；

C——极板间放入电介质时的电容量；

C_0——极板在真空时的电容量。

电介质种类不同，其相对介电常数也不同，见表1-1-1。

表1-1-1　各类电介质的相对介电常数

<table>
<tr><th colspan="2">电介质种类</th><th>ε_r</th><th>说　明</th></tr>
<tr><td colspan="2">气体电介质</td><td>1</td><td>在工程应用中，气体电介质的相对介电常数均取1</td></tr>
<tr><td rowspan="2">液体电介质</td><td>中性液体电介质</td><td>1.8 ~ 2.8</td><td>温度系数为负</td></tr>
<tr><td>极性液体电介质</td><td>3 ~ 80</td><td>用作绝缘介质的相对介电常数一般在3 ~ 6，由于其在交变电场中损耗较大，故在高压绝缘中很少应用；与温度和电源频率有关</td></tr>
<tr><td rowspan="3">固体电介质</td><td>中性和弱极性固体电介质</td><td>2.0 ~ 2.7</td><td>相对介电常数随温度升高略有下降</td></tr>
<tr><td>极性固体电介质</td><td>3 ~ 6</td><td>与温度、频率的关系同极性液体电介质相似</td></tr>
<tr><td>离子型电介质</td><td>5 ~ 8</td><td>温度系数为正</td></tr>
</table>

（1）电介质极化的形式分类

电介质在电场作用下所发生的束缚电荷的弹性位移和极性分子的转向现象，称为电介质的极化。常见的极化形式有电子位移极化、离子位移极化、偶极子式极化、夹层界面极化、空间电荷极化等。

对比各类电介质极化形式，具有以下特点：电子位移极化，存在于所有物质，体现为电子与原子核相对位移，极化时间极短，与频率无关，无能量损耗，温度升高时略微下降；离子位移极化，存在于离子式无机物，体现为正负离子相对位移，极化时间极短，与频率无关，微弱能量损耗，温度升高时略微升高；偶极子转向极化，存在于极性共价化合物，体现为分子转向，极化时间较长，频率增大时减小，有较大能量损耗，温度升高时先增大后减小；夹层极化，存在于多层介质，体现为夹层界面聚集电荷，极化时间很长，仅在低频率下存在，有较大能量损耗；空间电荷极化，存在于含有自由离子的介质，体现为离子向电极集结，极化时间很长，仅在低频率下存在，有较大能量损耗。

（2）电介质极化在实际工程中的意义

①选择绝缘材料

容器——介电常数较大——增大电容值；

电缆——介电常数较小——减小电容电流；

套管——介电常数较小——提高沿面闪络电压。

②多重介质的合理配合

在交流及冲击电压下，串联介质中的电场强度与介电常数成反比。

③介质损耗与介质极化类型有关

转向极化等有较大能量损耗，会使得介质发热，导致老化、劣化甚至热击穿。

④在绝缘预防性试验中，可用夹层式极化来判断绝缘受潮情况。

夹层极化电荷积累时间很长（取决于电导），介质受潮后往往电导增大，时间缩短。

2. 电介质的电导

电介质的电导，是指在电场作用下，电介质中的带电质点做有向移动而形成电流的现象。它与金属导体的电导有着本质的区别：电介质电导是离子性的，而金属电导是电子性的；电介质电导很小，金属电导很大；电介质电导的温度系数为正，金属电导的温度系数为负。气体、液体和固体电介质的电导的构成因素和特性是不一致的。

（1）固体电介质

固体电介质的电导分为体积电导和表面电导，构成固体电介质电导的主要因素是离子电导。

非极性和弱极性固体电介质的电导主要是由杂质离子造成的，对于偶极性固体电介质，因本身分子能离解，所以其电导是由本身和杂质离子共同造成的。对于离子性电介质，电导的大小和离子本身的性质有关。固体电介质的表面电导主要由表面吸附的水分和污物引起，介质表面干燥、清洁时电导很小。介质吸附水分的能力与自身结构有关，可分为亲水性介质和憎水性介质。介质的绝缘电阻是体积电阻和表面电阻两者的并联值，如式（1-1-2）所示：

$$R=\frac{R_V R_S}{R_V+R_S} \tag{1-1-2}$$

式中：R_V——体积泄漏电阻；

R_S——表面泄漏电阻。

（2）液体电介质

构成液体电介质电导的主要因素有两种：离子电导和电泳电导。离子电导是由液体本身分子或杂质的分子离解出来的离子造成的；电泳电导是由荷电胶体质点造成的。

（3）气体电介质

图1-1-1为气体电介质的电导实验原理图及其伏安特性曲线，具体分析详见“气体放电”。

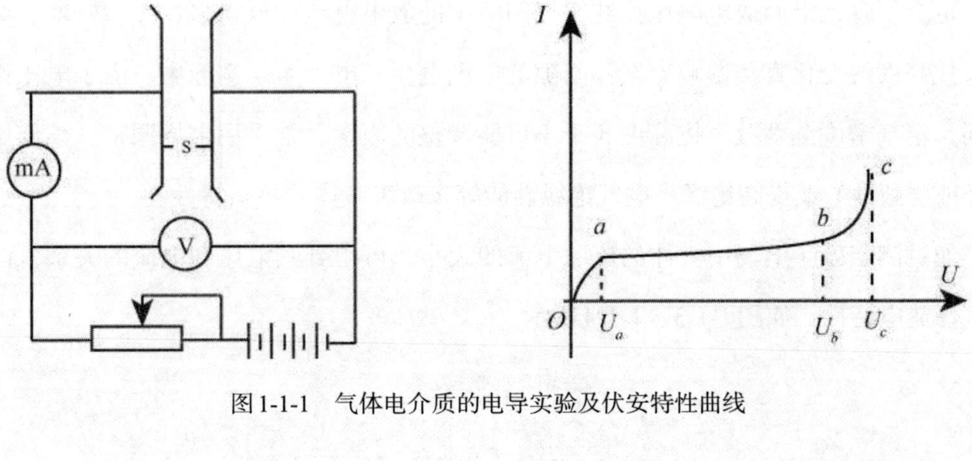

图1-1-1　气体电介质的电导实验及伏安特性曲线

3. 气体放电

线路带电作业过程中，作业人员常在导线等带电体附近工作，甚至直接接触带电体，其作业环境是主要由空气绝缘的强电场环境。为了保证其人身安全，有关规程规范中对带电作业最小安全距离、组合间隙等根据电压等级的不同做出了详细规定，目的就是为了防止发生对作业人员不利的空气放电。

气体放电是气体中流通电流的各种形式的统称。气体放电的过程如图1-1-2所示。

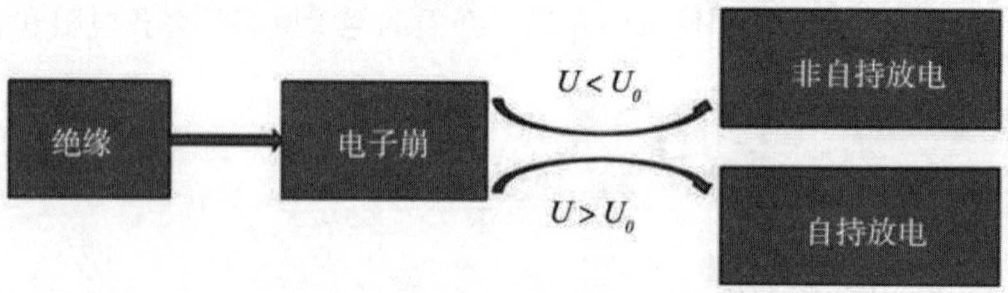

图1-1-2　气体放电的过程

电子崩，是指电子从阴极向阳极运动时，发生碰撞电离，使电子数按几何级数不断增加，如雪崩式的增长。非自持放电是指气体放电需要靠外电离来维持。自持放电是指气体放电只需要靠外施电压来维持，U_0为自持放电的起始电压。气体间隙中的放电特性与电压作用时间、电场均匀程度、是否沿面放电、气体密度湿度以及海拔高度等因素有关。电压持续时间越短，气体间隙的击穿电压越高；非均匀电场中，电场不均匀程度越高，随着平均击穿场强的下降，气体间隙中存在着明显的极性效应，击穿电压也会下降；沿面放电电压比纯空气间隙中的放电电压要低得多；气体密度、湿度和海拔高度的变化直接影响着气体间隙的放电电压。电力生产实际中，由于电压作用时间、空气密度湿度及海拔高度属于不可能调整的因素，常采用电场调整（如使用均压环或屏蔽环）或提高绝缘子电气绝缘性能等来改善气体的放电特性。

通过测定处于电场中气体的流通电流的大小，可得到其电压和电流的关系，以反映气体放电特性，如图1-1-3、1-1-4所示。

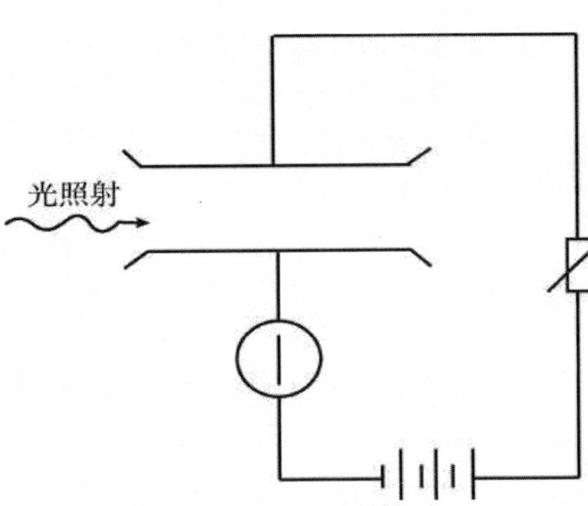

图1-1-3　测定气体中电流的回路示意

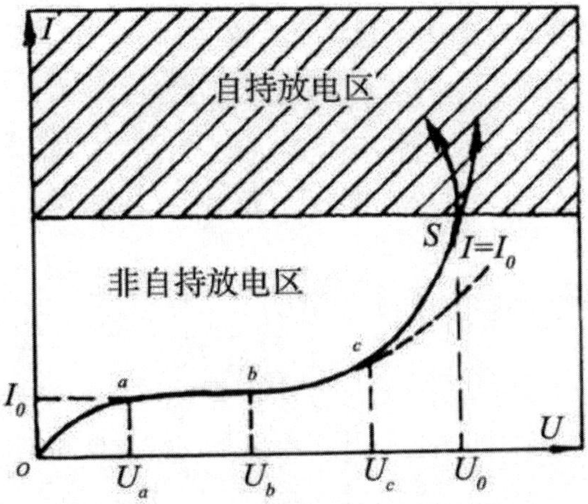

图1-1-4　气体中电流和电压的关系

气体放电可分为非自持放电和自持放电两个阶段。非自持放电指去掉外电离因素的作用后放电随即停止的放电；自持放电指仅靠电场的作用而维持的放电。从图1-1-4中可以看出，非自持放电过程为当外施电压小于U_0时，间隙内电流数值很小，间隙还未被击穿；自持放电过程为当电压达到U_0后，气体中发生了强烈的电离，电流剧增（体现为辉光放电、火花放电或电弧放电）；从U_b到U_0反映了放电的发展过程；U_0为起始电压，在均匀电场中也称之为击穿电压。

（1）均匀电场的空气击穿过程

均匀电场击穿的过程，就是各种游离持续发展的过程。在不同情况下，各种游离所起作用的强弱不同，气体间隙击穿的机理也就有差别。影响最大的因素是气体的相对密度和极间距离。

①大气状态对气体间隙放电电压的影响

估算气体间隙放电电压时，应考虑到线路路径的大气条件变化的影响，在非标准大气条件下的实测电压值，应换算到标准大气条件下的电压值。

标准大气条件，是指气压 p_0=101.3kPa，温度 t_0=20℃，绝对湿度 h_0=11g/m³。

②空气密度对放电电压的影响

随着海拔高度增加，大气压力降低，相对空气密度减小，电子平均自由行程增大，电离过程增强，放电电压降低。

均匀电场的空气间隙放电电压，经验公式为

$$U_b = 24.22\delta d + 6.08\sqrt{\delta d} \tag{1-1-3}$$

式中：d——空气间隙；

δ——空气密度。

稍不均匀的空气间隙放电电压计算公式为

$$U_b = \delta U_{b0} \tag{1-1-4}$$

式中：U_{b0}——标准大气条件下放电电压，与电场均匀程度和电压种类无关。

不均匀电场的空气间隙放电电压与空气密度 δ 偏离线性正比关系，满足：

$$U_b = U_{b0}\delta^{m(d)} \tag{1-1-5}$$

式（1-1-5）中，m是放电距离d的函数。有研究表明，雷电波作用下m取1；操作波作用下，d为1.64、2.45、3.28、4.10m时，m可取1.00、0.90、0.80、0.70。

③湿度对放电电压的影响

均匀或稍不均匀电场中，放电电压随绝对湿度略有增加，无预放电现象，在工程上可以忽略湿度的影响。极不均匀电场下放电电压随绝对湿度增大而增加，并随电极形状、电压极性、波形间隙距离及绝对湿度大小而变化。

均匀电场中的气体间隙放电不存在极性效应，且没有电晕现象。一旦发生气体间隙放电就会引起整个气体间隙的击穿，所以其直流、工频交流下的击穿电压相同，放电的分散性极小。稍不均匀电场中，随着电场均匀程度降低，同样间隙距离下的击穿电压就越低，最高击穿电压即为均匀电场中的击穿电压。

（2）不均匀电场气体间隙的击穿

输电线路附近的电场等大多都是极不均匀的。在极不均匀电场中，由于间隙击穿前已发生强烈电晕，此后放电都是在电晕空间电荷畸变了外电场的情况下发展的，所以影响击穿电压的主要因素是间隙距离，与电极的形状关系不大。

不均匀电场气体间隙的击穿，有显著的极性效应和较长的放电时延，因而与所加电压波形有显著的关系。长间隙中的放电发展过程与短间隙又有不同。

①长间隙放电

空气游离场强一般为25～30kV/m，空气中有水滴时可能仅为10kV/m。先导放电通道的特点为分级发展，每级50m，相邻两级间歇时间为30～90μs 。

②短间隙击穿

选择电场极不均匀的“棒—板”和“棒—棒”电极作为典型电极，如果电场分布不对称，可参照棒—板电极的数据；如果电场分布对称，可参照棒—棒电极的数据。极不均匀电场中，作用在不同极性的直流电压时的气体间隙放电电压明显不同。棒—板间隙是典型的极不均匀电场，在这种间隙中，电离过程总是先从高场强的棒电极附近开始。图1-1-5为正棒负板的情况，图1-1-6为负棒正板的情况。

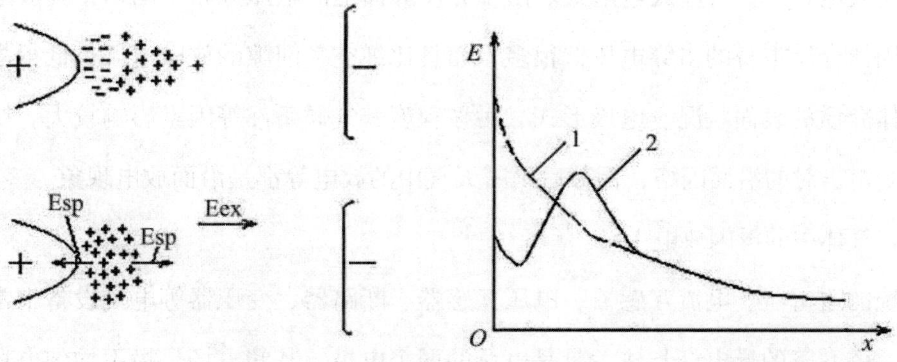

图1-1-5　正棒负板

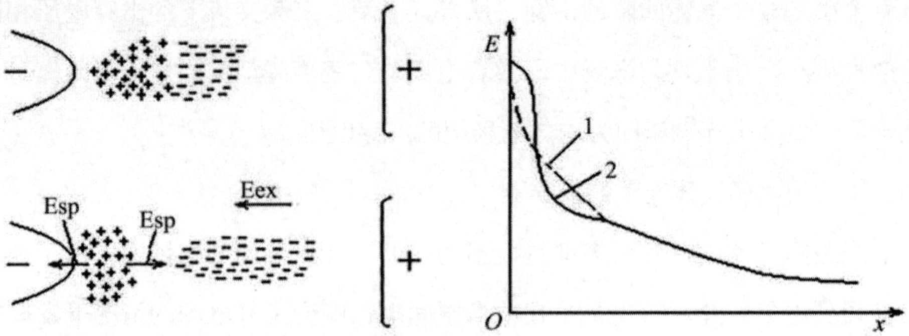

图1-1-6　负棒正板

当棒的极性不同时，空间电荷所起作用的不同，使得这种极不均匀电场的电晕放电电压或间隙击穿电压出现了明显的差异，这就是所谓的极性效应。

电晕放电电压，负极性放电电压低；气体间隙击穿电压，正极性放电电压低。

（3）气体中的沿面放电

沿面放电，是指沿绝缘子和空气的分界面上发生的放电现象。从沿面放电发展到贯穿性的空气击穿称为闪络。

沿面闪络电压比气体或固体单独存在时的击穿电压都低。在同一长度的空气间隙和绝缘工具上进行电气性能试验，沿面放电电压比沿面闪络的电压高6%～10%。据试验，未受潮的绝缘工具有效长度在3.5m以下时，其沿绝缘体表面放电电压基本等于空气击穿电压。

沿面放电是一种气体放电形式。由于介质界面上的电压分布不均匀，其放电电压不仅比固体介质本身的击穿电压低很多，而且比纯空气间隙的放电电压也低得多，并且受固体介质的表面状况、电极形式、污秽程度、气候条件等因素影响较大。线路绝缘子遭受雷击时的沿面闪络，污秽后雨露天气中的放电等都是沿面放电现象。

（4）气体中的滑闪放电

传统的避雷器、电流互感器、电压互感器、断路器、变压器等电气设备中常用到瓷套管。瓷套管的导电杆与法兰盘是电场的两个电极，其间电场是极不均匀电场，具有强法线分量，有时会发生滑闪放电。滑闪放电电压与电压的工作频率、固体介质的比电容、介质表面电阻率的大小有关。滑闪放电也是沿面放电，由电晕放电发展而来，如图1-1-7所示。

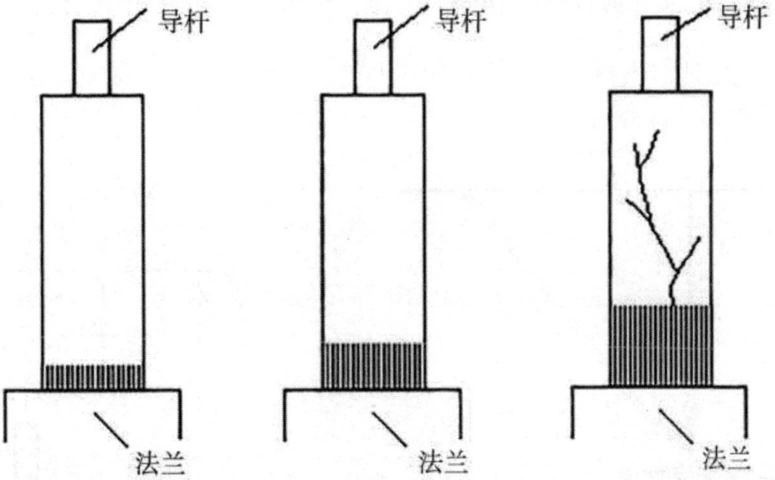

（a）电晕放电　　（b）刷状放电　　（c）滑闪放电

图1-1-7　几种放电过程

1.1.2　带电作业的基本方法分类

1. 按人体与带电体相对位置

按人体与带电体的相对位置，可分为直接作业法和间接作业法。

直接作业法，是指作业人员穿戴全套屏蔽防护用具，借助于绝缘工具进入电场，人体与作业对象处于相同电位的作业，也称之为等电位作业或自由作业。如带电修补导线时，作业人员沿绝缘软梯、硬梯等进入电场，属于直接作业法。

间接作业法，是指作业人员不直接接触带电体，始终保持一定的安全距离，用绝缘工具接触操作带电体的作业，也称之为距离作业，如使用测零杆进行零值绝缘子检测。

2. 按作业人员人体电位

按作业人员的人体电位，可分为地电位作业法、中间电位作业法、等电位作业法。

（1）地电位作业法

地电位作业，是指作业人员在接地构件上通过绝缘工具接触带电体的作业。作业人员始终保持与大地（或杆塔）相同的电位（零电位）。人与带电体的关系是：大地（或杆塔）→人→绝缘工具→带电体，如图1-1-8所示。

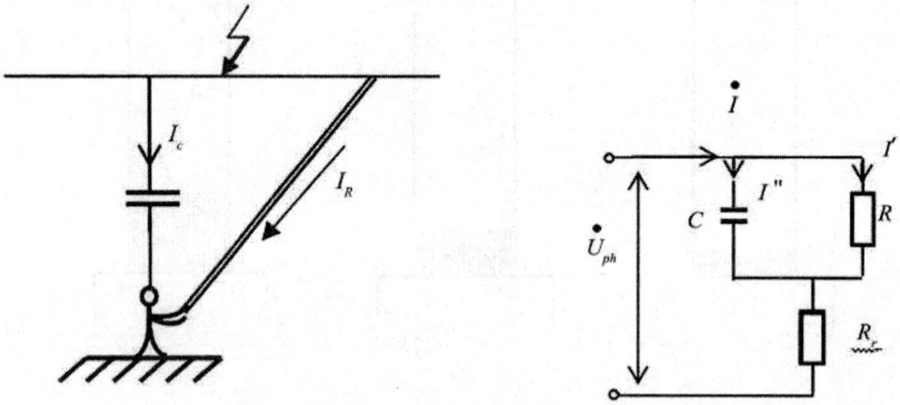

C、I_c—人体与带电体的电容及电容电流；U_{ph}—相电压；
R、I_R—绝缘工具的电阻及流过它的绝缘电流；R_r—人体电阻。

图1-1-8　地电位作业位置示意图及等值电路图

地电位作业的注意事项：

①人体与带电体应保持足够的安全距离，有足够的空气间隙。

②绝缘工具表面应干燥清洁，注意妥当保管，防止受潮。

③在330kV及以上线路杆塔上及变电站架构上作业时，地电位作业人员也须穿静电感应防护服、导电鞋等防静电感应措施。在220kV线路杆塔上作业时宜穿导电鞋。

（2）中间电位作业法

中间电位作业法，是在地电位和等电位法都不可采用的情况下，介于两者之间的一种方法。要求人体既要与带电体保持一定距离，也要和大地（接地体）保持一定距离。此时人体的电位是介于地电位与带电体的高电位之间的某一个悬浮电位。人与带电体的关系：大地（杆塔）→绝缘体→人体→绝缘工具→带电体，如图1-1-9所示。

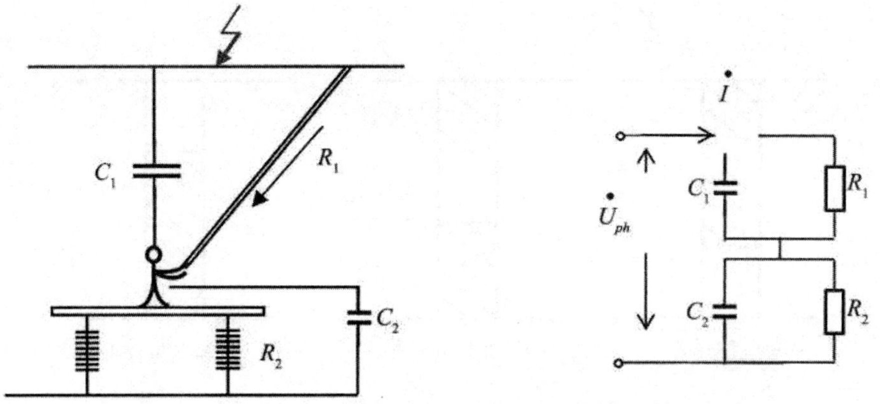

图1-1-9　中间电位作业位置示意图及等值电路图

（3）等电位作业法

作业人员对大地绝缘后，人体与带电体处于同一电位时进行的作业称为等电位作业。等电位作业时，人体始终与带电体保持接触。人体与带电体的关系：大地→绝缘体→人体→带电体，如图1-1-10所示。

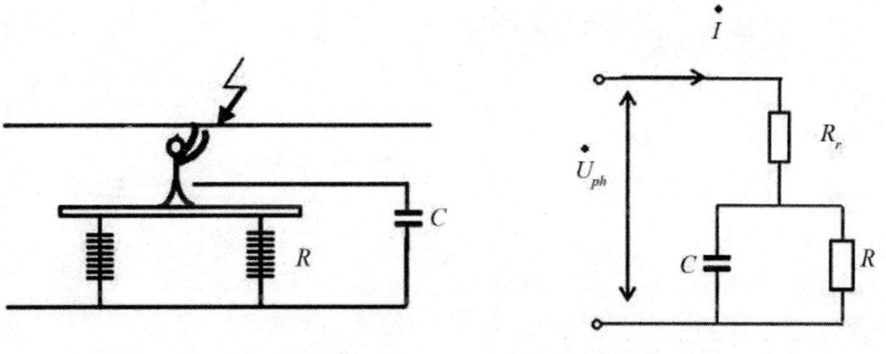

图1-1-10　等电位作业位置示意图及等值电路图

等电位作业一般在66kV、±125kV及以上线路和电气设备上进行。若需在35kV电力线路上进行等电位作业时，应采取可靠的绝缘隔离措施。20kV及以下电力线路和电气设备上不准进行等电位作业。

三种作业方式的区别，如图1-1-11所示。

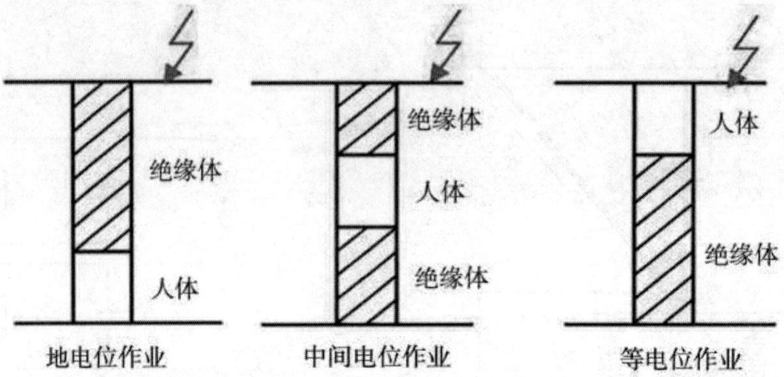

图1-1-11　三种作业方式的区别

1.2 过电压与带电作业安全距离的确定

1.2.1 电力系统过电压

运行中的线路除承受工作电压外，还将承受各种过电压。在带电作业过程中，无论是空气间隙还是绝缘工具，都必须按照相应的电压水平进行绝缘配合，才能保证安全。

在带电作业中，当遇到过电压时，可能通过以下三种途径对人身或设备放电：击穿空气对人身或设备放电；通过绝缘工具如绝缘操作杆、绝缘承力工具和绝缘绳索等放电；当绝缘子片数不足时，通过绝缘子串放电。

任一电压等级的线路在正常运行时，其电压都不是一个定值，而是在一定范围内变化的。系统容量和负荷变化、线路故障都会影响线路电压。

由于内部（故障、操作等）和外部（雷电）原因，电力系统会出现持续时间较短的电压升高，称之为电力系统过电压。过电压持续时间虽然很短，但幅值很高，可能为正常工作电压的数倍，是电力系统的运行设备和带电作业人员的主要威胁之一。电力系统过电压分为内部过电压和外部过电压。

1. 内部过电压

当电力系统进行开关操作或发生事故，系统内部参数会发生变化，电力系统从一个稳定状态过渡到另一个稳定状态，系统由于内部参数变化而引发电磁能量的振荡、传递和积累，并且会在某些设备上或整个系统中出现很高的过电压，称为内部过电压。过电压幅值与电网工频电压幅值基本成正比。内部过电压包含暂时过电压和操作过电压。

（1）暂时过电压

暂时过电压包括空载长线路的电容效应引起的工频电压升高、电弧接地过电压以及谐振过电压等。

①工频电压升高

工频电压升高的原因主要有不对称短路引起的工频电压升高、空载长线路电容效应、甩负荷引起的工频电压升高等。

工频电压升高特点如下：系统阻抗加剧电容效应，相当于把线路拉长；电源容量愈小，电源等值漏抗愈大，空载线路末端电压升高愈大；应按系统最小运行方式来考虑工频电压升高；在超高压电网中可用并联电抗器限制工频电压升高。电容效应指在电源电势作用下，电容电流在电感上的压降使电容上的电压高于电源电势。

②谐振过电压

当系统进行操作或发生故障时，电感、电容元件会组成各种频率的谐振回路，当回路的某一自振频率等于电源的某一谐波频率时会产生谐振现象，引起谐振过电压。

谐振过电压包括断线引起的铁磁谐振过电压、传递过电压，以及中性点不接地系统中电磁式电压互感器饱和引起的谐振过电压。

（2）操作过电压

一般地，电力系统操作过电压发生在断路器操作的过程中。由于开关操作使系统的运行状态发生变化，系统内电感元件和电容元件之间的电磁能量互相转换，具有高频振荡、高幅值、强阻尼和持续时间短等特点。

操作过电压包括空载线路合闸和重合闸过电压、切除小电容负载过电压、切除小电感负载过电压、间歇电弧接地过电压。

①空载线路合闸和重合闸过电压

空载线路的合闸操作有计划性合闸和故障性合闸（自动重合闸）两种情况。从电气参数的角度看，空载线路相当于由大电容和大电感组成。计划性合闸前线路上没有剩余电荷，合闸即意味着对其充电，且充电功率极大；合闸过程即是空载线路状态变化过程，这一过度量的初值极大，这就导致了空载线路合闸过电压的出现。在系统采用三相自动重合闸时，如果系统发生单相接地故障，三相断路器同时断开，此时在非故障相线路电容上就会有残余电压。如果电源电压与残余电压不等，自动重合闸过程也意味着线路状态的剧烈变化，从而产生重合闸过电压。超高压及特高压电网中，合空载线路过电压是选择电网绝缘水平的决定性因素。

线路上残余电压的极性和大小、合闸相位角、母线出线数及断路器合闸时三相的同期性等因素都会影响合闸过电压的大小。220kV及以下线路的重合闸过电压倍数不高，且其绝缘水平是按3～4倍相电压设计的，不需要采用任何限制重合闸过电压的措施；330kV及以上系统，在考虑长线路的电容效应后，重合闸过电压可达2.5倍以上，而线路绝缘水平仅按2～2.75倍相电压设计，必须采取选用灭弧能力强的开关、提高开关动作的同期性等措施限制重合闸过电压。

②切除小电容负载过电压

切除空载长线、电缆以及断开电容器组是电网中常见的操作之一。中性点不直接接地的系统中不超过3.5～4倍，中性点直接接地的系统中过电压倍数不超过3倍。限制切空线过电压的最有效的措施是改善断路器的熄弧性能，用氧化锌避雷器作为切空线过电压的后备保护，也可以通过断路器并联电阻限制切空线过电压。

③切除小电感负载过电压

空载变压器可等效为一个励磁电感，切断空载变压器就等效为切电感，切电动机、消弧线圈、并联电抗器等电感元件时均会产生过电压。

过电压的大小与变压器的励磁电流和变压器绕组等值对地电容有关。冷轧硅钢片制造的高压变压器，励磁电流为额定电流的0.5%左右，故空载变压器分闸过电压倍数一般不大于2。切空载变压器过电压用普通阀式避雷器或氧化锌避雷器来限制。避雷器接在断路器的变压器侧，该避雷器是保护内部过电压的，非雷雨季节也不能退出运行。

④间歇电弧接地过电压

电弧接地过电压是在中性点不直接接地的电网中，由单相接地时的间歇性电弧接地所引起的过电压。实测电弧接地过电压倍数一般小于3，最大为3.2。

我国过电压保护规程对各电压等级电网的操作过电压倍数K规定如下：

①10～66kV系统（中性点经消弧线圈接地或不接地）K=4。

②110～154kV系统（中性点经消弧线圈接地）K=3.5。

③110～220kV系统（中性点直接接地）K=3.0。

④330kV系统（中性点直接接地）K=2.5。

⑤500kV系统（中性点直接接地）K=2.18 。

2. 外部过电压

外部过电压，又称大气过电压，指大气中雷电活动引起的异常电压。外部过电压分为感应雷过电压和直击雷过电压。感应雷出现的过电压幅值取决于雷云放电电流值、感应雷电压的线路对地高度和落雷点的距离；直击雷而产生的过电压幅值与雷电流幅值、陡度和被击杆塔的波阻抗有关。雷电行波陡度很高，在导线上传播时有明显衰减，因而沿线各点的过电压幅值有差异。

“安规”规定雷电天气时不得进行带电作业。因此，带电作业除考虑正常运行条件下的工频电压之外，一般只考虑工作过电压和内部过电压的作用。线路上的空气间隙主要有导线对地面（植物、建筑物或构筑物）、导线对导线、导线对避雷线、导线对杆塔和横担。导线对地面的高度主要考虑的是穿越导线下方的最高物体与导线间的安全距离，在超高压下还应考虑对地面物体的静电感应。导线间距离要考虑导线弧垂最低处在风力作用下，最小间隙应能耐受的工作电压。

1.2.2　带电作业安全距离的确定

防止过电压伤害的基本手段就是在不同电位的人或物体之间保持必要的距离，称之为安全距离。安全距离主要包括最小安全距离、最小组合间隙、最短有效绝缘长度。确定安全距离，应根据系统所能出现的最大内过电压幅值和最大外过电压幅值求出其相应危险距离，取最大数再增加20%的安全裕度而确定。

确定带电作业的安全距离属于绝缘配合的计算方法。绝缘配合是指综合考虑系统中各种作用电压、保护装置特性及设备的绝缘特性，最终确定电气设备的绝缘水平。其任务是要解决过电压与限压措施之间的矛盾，以及经过限制后的过电压与绝缘之间的矛盾，以达到安全、经济和高质量供电的要求。

电力系统的绝缘包括发电厂、变电站电气设备的绝缘和线路的绝缘。从绝缘结构和特性上区分为外绝缘和内绝缘两大类。

外绝缘是指与大气直接接触的绝缘部件，一般是指玻璃、瓷或硅橡胶的表面绝缘和空气绝缘。外绝缘的耐受电压值与大气条件密切相关，可能因为沿面闪络和气体间隙击穿等原因，暂时丧失绝缘性能，放电结束后又可自行恢复其绝缘性能，属于自恢复绝缘。

内绝缘是指不与大气直接接触的绝缘部件，其耐受电压值基本上与大气条件无关。

电气设备的绝缘水平是指电气设备能承受的试验电压值。不同电压作用下，设备绝缘的耐受能力不同，同一绝缘对不同作用电压的耐受值不同。外绝缘规定了湿状态和干状态下的工频放电电压。短时（1min）工频试验电压考核设备绝缘承受运行电压、工频过电压及操作过电压能力；长时间（1～2h）工频耐受电压用以考核某些设备在运行电压和工频电压作用下内绝缘的老化及外绝缘的污秽性能；操作冲击试验电压和雷电冲击试验电压是考核设备承受超高压设备绝缘承受操作冲击波作用能力和雷电过电压作用的能力的重要试验电压值。

常用的绝缘配合有惯用法和统计法。

1. 惯用法

惯用法是以作用在绝缘上的“最大过电压”和绝缘本身的“最低耐受强度”为依据，使二者满足预期裕度，同时要考虑最大过电压和最低耐受强度时产生的偏差。

惯用法主要适用于220kV及以下电压等级。

2. 统计法

统计法是根据假定的过电压和绝缘强度的概率分布函数以及试验得到的。

在超高压系统（330kV及以上系统）中，对自恢复绝缘一般应用统计法来确定绝缘配合和安全距离。因为利用惯用法来确定超高压系统中绝缘间隙的最小安全距离，可能会将绝缘间隙的尺寸取得过大，技术上和经济上行不通。

确定绝缘的放电电压时，采用严格的正极性操作冲击时的50%放电电压，而实际上系统中出现正、负极性操作波的概率是相同的。综合考虑这些因素，可将危险率的安全范围适当放宽，取$1\times10^{-5}\sim5\times10^{-5}$是合适的。危险率，是指带电作业间隙在发生一次操作过电压时，该间隙发生放电的概率。1×10^{-5}表示带电作业间隙每遇到一次操作过电压，有十万分之一的可能，或者说出现十万次同条件的过电压，带电作业间隙有一次放电机会。

3. 各电压等级系统安全距离

《国家电网公司电力安全工作规程》中，规定了带电作业的安全间距，确定原则为惯用法或统计法，以及各种条件下的试验数据。表1-2-1列举了常用电压等级带电作业的各种安全距离的规定。

表1-2-1　常用电压等级带电作业的各种安全距离的规定

电压等级/kV	相对地安全距离/m	相对相安全距离/m	组合间隙/m
10	0.4	0.6	-
35	0.6	0.8	0.7
110	1.0	1.4	1.2
220	1.8	2.5	2.1
330	2.2	3.5	3.1
500	3.4	5.0	4.0
750	5.2	6.9（7.2）	5.9
±800	6.8	无	6.6

续表

电压等级/kV	相对地安全距离/m			相对相安全距离/m		组合间隙/m	
±1000	直线塔边相	地电位作业人员距带电体、等电位作业人员距侧面塔身	4.5	边相	6.5	直线塔边相	4.8
	直线塔中相	地电位作业人员距带电体、等电位作业人员距侧面塔身	4.8	中相	7.0	直线塔中相	4.9
	直线塔边相或中相	等电位作业人员据上横担或顶部构架	5.7				

1.3 带电作业安全防护

1.3.1 临近带电线路的电场、磁场感应

临近带电交流线路存在电场感应和磁场感应。

1. 电场感应

金属导体放在外电场中，由于导体内自由电子受电场力作用而定向移动，使导体表面出现感应电荷的现象叫静电感应。放入电场中的导体，最终会达到没有电荷定向移动的状态，这种状态叫静电平衡状态。图 1-3-1 为电场感应图。

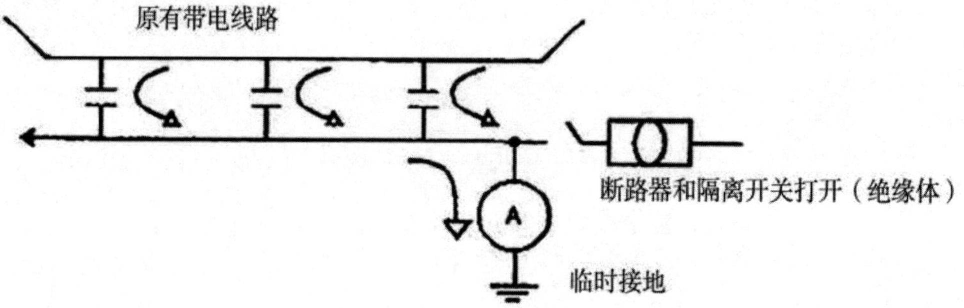

图 1-3-1 电场感应图

带电导线周围的电场会在附近没有接地的导体上产生电压。电压的大小取决于电源数量和系统状况，与线路并行的长度无关，感应电压可能会达到带电线路电压的 30%。

交流带电线路和相邻不带电线路如电容器的两极板，充电电流会从它们之间的空气间隙中流过。电流和并行长度成比例，可达几安培。如果临时接地有缺陷，或者被拆除，立即产生电容电压。若此时工作人员和带电体接触，而唯一的接地被拆除，则

该人员就处于危险的电压和电流下。若试图接触导线或连接部件，将遭受危险的放电电流、稳态电流，且感应电压可能高到产生电弧放电的程度。

2. 磁场感应

带电导线和附近不带电导线可以看作是空心变压器的主绕组和副绕组，图1-3-2为磁场感应图。

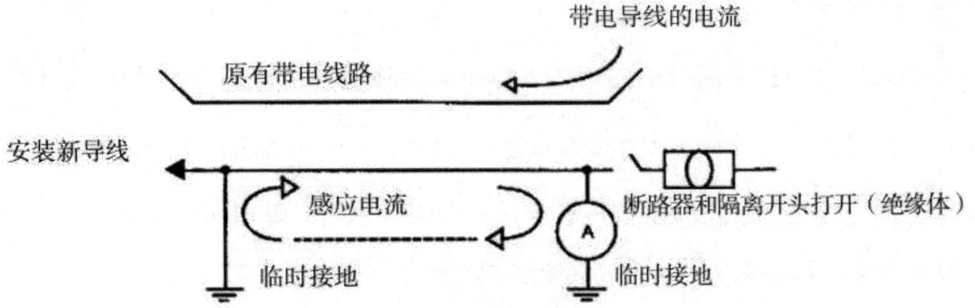

图1-3-2　　磁场感应图

如果不带电线路两处接地，则如空心变压器的二次侧，通过大地形成回路，即感应电流将沿着不带电线路流动，经过一个接地点入地，再经过另一个接地点形成回路。此电磁场电流与带电线路的电流成比例，并取决于系统状况和阻抗。

如果不带电线路多处接地，将形成多个回路，每个回路都有电流，其大小与接地阻抗和相应线路阻抗相关，而中间接地极电流则会出现叠加效果。

如果与邻近带电线路有交叉，则感应电流的相角将会沿线不同。当在一个高负荷的带电线路附近工作时，或者在临近的带电线路发生故障时，则在临近不带电线路上将会产生很大的感应电流。

1.3.2　带电作业可能对运行人员造成的伤害及其防护

电对人体的危害方式有两种：人体的不同部位接触有电位差的带电体，电流通过人体时发生的；在带电设备附近工作时，尽管人体并未接触带电体，也可能有风吹、针刺等不适状况出现，这是空间电场引起的。

1.电流对人体的危害

（1）人体电阻

人体电阻因人而异，且不同的情况下其数值会变化。皮肤潮湿和出汗会使人体电阻降低；人体通过电流时电阻也会发生变化，接触的电压越高，通过的电流越大，通电的时间越长，人体电阻也会降低。带电作业时，人体电阻一般按1 000Ω考虑。

（2）人体电流

如果人体被串接于闭合电路中，人体中就会流过电流，其大小按$I_r=\frac{U}{Z_r}$计算。Z_r为人体的阻抗，包括人体内阻抗和皮肤阻抗两部分。人体内阻抗大部分是电阻，仅有一小部分的电容分量。皮肤阻抗可看作是一个阻容网络，随电压、频率、电流持续时间、接触面积、接触压力、皮肤湿度和温度的变化而变化。

（3）电击

电击对人体造成损伤的主要因素是流经人体的电流大小，一般分为暂态电击和稳态电击。

①暂态电击

暂态电击是人接触电场中对地绝缘的导体的瞬间，积累在导体上的电荷以火花放电的形式通过人体对地突然放电。放电电流变化复杂，通常都以火花放电的能量来衡量其对人体产生危害的程度。表1-3-1为人体对暂态电击产生生理反应的能量阈值。

表1-3-1　人体对暂态电击产生生理反应的能量阈值（mJ）

生理效应	感知	烦恼	损伤或死亡
能量阈值	0.1	0.5 ~ 1.5	25 000

②稳态电击

人体对工频稳态电流的生理反应分为感知、震惊、摆脱、呼吸痉挛和心室纤维性颤动。人体对稳态电击产生生理反应阈值见表1-3-2。

表1-3-2　人体对稳态电击产生生理反应的电流阈值（mA）

生理效应	感知	震惊	摆脱	呼吸痉挛	心室纤维性颤动
男性	1.1	3.2	16.0	23.0	100
女性	0.8	2.2	10.5	15.0	100

心室纤维性颤动被认为是电击引起死亡的主要原因，电流经中枢神经系统反射引起心室颤动。超过摆脱阈值的电流，可能致命。必须采取措施限制通过人体的电流，使其小于引起人体伤害电流的最小值，确保人身安全。

绝缘工具的电阻远大于人体电阻，利用绝缘工具可有效减小通过人体的电流。

（4）电流对人体的伤害

①热

电流通过人体时，因为有人体电阻，产生热效应，造成接触部位的皮肤烧（灼）伤或局部出现炭化。

②电光

发生弧光放电时，产生不可见光、红外线对眼睛造成伤害，表现为角膜炎或结膜炎。

③化学

电流通过人体，会产生化学效应，引起人体内部组织发生电解现象，造成电烙印或皮肤金属化，严重时可能引起人体机能失常。

④辐射

磁场能量对人体有辐射，导致工作人员感觉头晕、乏力和神经衰弱等不适。

⑤生理

电流通过人体内部，会对人体产生强烈刺激，可能会发生肌肉收缩痉挛等症状。

⑥其他

其他伤害有接触触电等。主要有高压电弧触电和高压跨步触电等。

2. 绝缘工具及绝缘子泄漏电流

（1）绝缘工具的泄漏电流

绝缘材料在电场作用下，有电流流过，该电流称为泄漏电流。绝缘工具上的泄漏电流主要指沿绝缘材料表面流过的电流，由绝缘介质本身及外来杂质的离子移动所引起。

在间接作业中，作业人员使用绝缘工具时，人体与绝缘工具串联，流过绝缘工具的泄漏电流全部流经人体。绝缘工具的电阻远远大于人体电阻，因而，流经人体的电流主要由绝缘工具的电阻大小决定。

（2）绝缘子串的泄漏电流

干燥洁净的绝缘子串，单片绝缘子的绝缘电阻在500MΩ以上，电容小，阻抗值高，泄漏电流不超过几十微安。但当空气湿度较大时，绝缘子表面泄漏电流可达毫安级。因此，带电摘除绝缘子挂点或横担侧绝缘子时，地电位作业人员需穿着全套屏蔽服。

3. 电场对人体的危害

自然界中存在着正、负两种电荷，电荷周围存在着电场，相对于观察者是静止的，且电量不随时间而变化的电场为静电场。在直流电压下，两电极之间的电场就是静电场。瞬间的工频电场也可以近似地按静电场考虑。

带电作业中，所遇到的电场几乎都是不对称分布的极不均匀的电场。作业人员与带电体及大地之间，构成了各种各样的电极结构。主要的电极结构有：导线-人与构架、导线-人与横担、导线与人-构架、导线与人-横担、导线与人-导线等。由于带电作业现场环境和带电设备布局的差异性、带电作业工具和作业方式的多样性、人在作业过程中位置的变化等因素，人在带电作业中所处的电场变化多端。

电场的不均匀程度与电极形状和极间距离有关。在相同电极形状的条件下，极间距离增大，电场不均匀程度随之增加。对于空气介质，电场的不均匀程度可由间隙击穿前在高压电极周围是否发生电晕为依据。击穿前没有电晕现象为稍不均匀电场，击穿前发生电晕现象则为极不均匀电场。

自导线至地面的空间电场分布是极不均匀的。图1-3-3为按单根导线平行地面架设的最理想状态按理论计算出的电位分布情况。由于电场强度对地高度间存在指数函数关系，因此在靠近导线附近3%～9%的区域内是高电位区，其相应的场强分布规律是相同的。

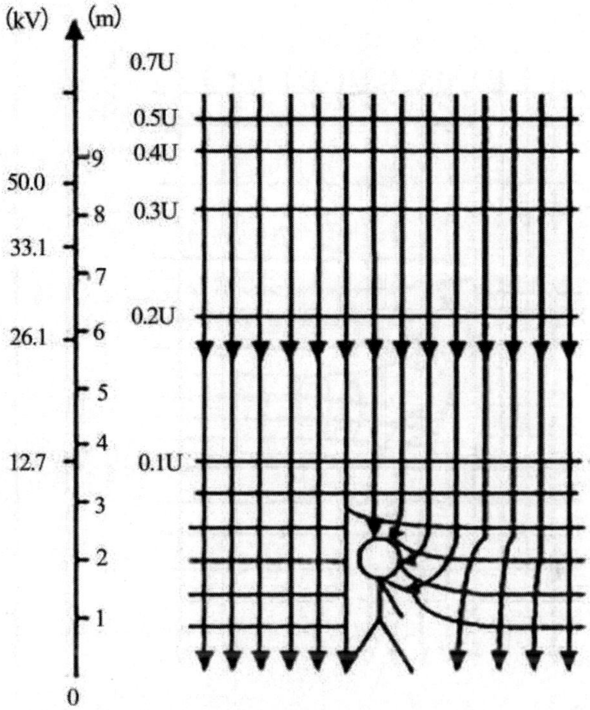

图1-3-3　单根导线平行地面架设时电位分布情况

图1-3-4为人体处于导线与地面间空间内的电位分布图。电力线的密度头顶和脚跟较大，其他部位有少量密度很低电力线。所以，作业人员在导线附近作业时，沿着电场纵向的人体凸出部位，其体表场强一定较高，其他部位体表场强不高。

工频强电场对人体的影响，可分为短时效应和长期效应。工频强电场对人体的长期效应是大家最关心的问题。1982年，世界健康组织关于输电系统产生的电磁场对人体健康影响的研究表明，场强至20kV/m不会有害健康。我国相关试验单位的研究结果表明，40kV/m时未发现对动物的生物机能带来影响；当场强到100kV/m时，会出现对动物的生物机能带来影响；当电场强度超过240kV/m时，相当于人体体表有0.08μA/cm²的电流流入肌体，裸露的皮肤上开始感觉到有风吹感，其原因是电场中带电体的尖端附近的气体游离和移动；场强继续增加时，会有蛛网感、异声感、针刺感。蛛网感，这是强电场引起电荷在汗毛上集聚，使之竖起牵动皮肤形成的一种感觉。所以，人体皮肤对表面局部场强的电场感知水平一般为240kV/m。

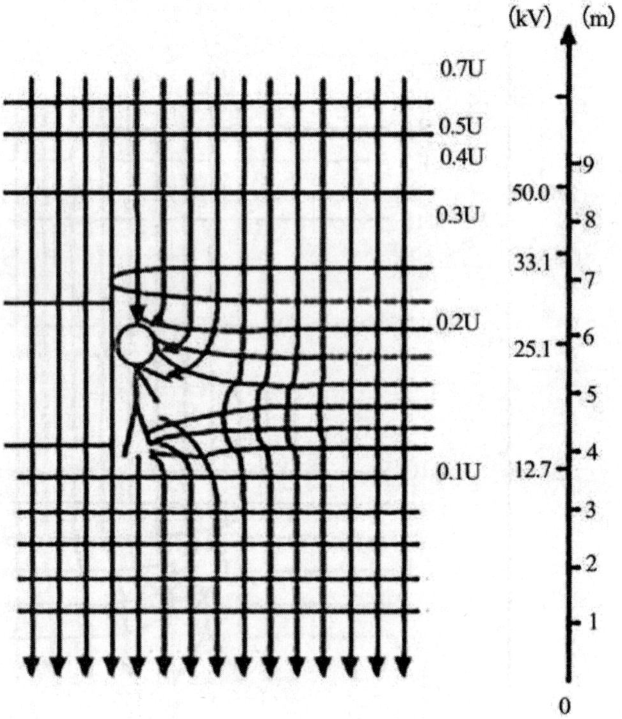

图1-3-4　人体处于导线与地面空间内的电位分布图

4. **静电感应对人体的危害**

（1）静电感应现象

工频电场可以视为静电场，当导体处于电场中，因静电感应使导体表面产生感应电荷。感应电场与原来的电场叠加，使原来的电场产生畸变。导体所引起电场畸变部分的电场将增大。且导体的曲率半径越小，其表面的电场强度增大越多。

（2）表征静电感应的物理量

电场强度、感应电压、感应电流。

（3）由静电感应引起的电击

带电作业人员开展地电位作业和中间电位作业时，可能会因为静电感应遭受电击。通过现场实际测量，当作业人员处在220kV线路铁塔平口距中导线1.6m处时，感应电压高达800～1 700V。感应电压通过裸露部位对接地体放电的一瞬间，瞬间暂态电流值较大，远超过1mA人体感知水平，可能造成高处坠落的意外人身事故。

①人体对地绝缘

图1-3-5是人体对地绝缘时的情况。人体电阻较小，强电场中可视为导体。当人体对地绝缘时，因静电感应使人体处于某一电位。此时，如果人体暴露部位触及接地体时，人体感应电荷会通过接触点对接地体放电，把这个现象称为电击。当放电能量达到一定数值，就会使人产生刺痛感。作业人员穿绝缘鞋攀登至铁塔窗口附近时就属于这种情况，因离带电导线较近，感应电荷较多，此时触摸塔材，手就会产生放电刺痛感。

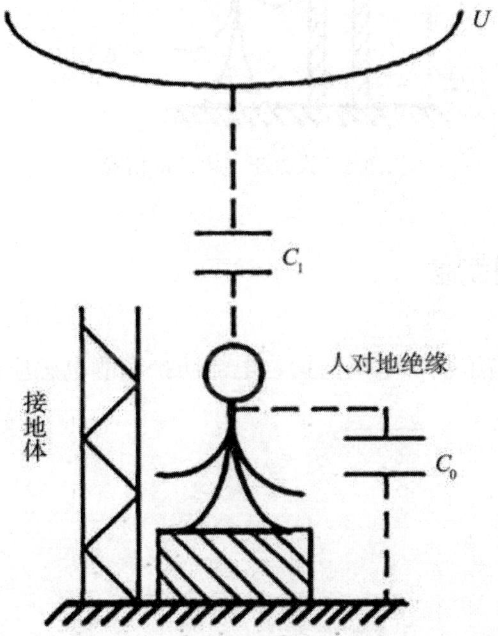

图1-3-5　人体对地绝缘的情况

②人体处于地电位

图1-3-6是人体处于地电位时的情况。对地绝缘的金属物体在电场中因静电感应而

积累一定量的电荷，并使其处于某一电位。如果处于地电位的作业人员用手去触摸金属体，感应电荷通过人体对地放电，会使人遭受电击。地面作业人员在强电场中触摸悬空吊起的大件金属工具或停电设备上的金属部件时都属于这种情况。

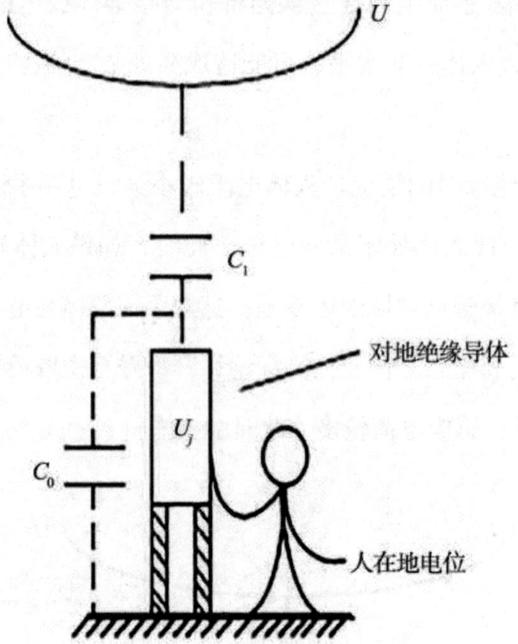

图 1-3-6　人处于地电位的情况

1.3.3　安全防护措施

有针对性的预防措施包含电场防护、电流防护和静电感应防护。

1. 电流防护

（1）低压

绝缘隔离。

（2）高压

屏蔽电场、限制流过人体电流。

（3）报警装置

为防止绝缘工具泄漏电流增大伤人，可在握手前加装警报器，泄漏电流达告警值时发出警报，提示停止作业。

（4）短接和旁路

先用短接线将泄漏电流接通入地后，再开展相应作业；或作业人员穿戴全套屏蔽服，以旁路绝缘子的泄漏电流，保护人身免受其害。

2. 静电感应防护

高压电场中的防护就是抑制强电场对人体产生的不适感觉，减少工频电场对人体的长期或短期生态效应。

处于静电平衡状态的导体，内部的场强处处为零。把一个实心导体挖空，制成一个导体壳（即法拉第笼），其内部场强处处为零，这样就可以使这个区域不受外部电场影响，从而保护它所包围的区域，这种现象叫做静电屏蔽。

在高压带电作业中，工人穿上金属薄片或导电纤维织成的特殊服装，可对人体起到屏蔽保护作用。屏蔽服就是利用在封闭导体内部，电场强度为零的原理制作而成。它具有三个主要作用：屏蔽电场、均压作用、旁路分流。

静电感应防护可采用下列的防护措施：

（1）等电位及中间电位作业人员应穿着合格的全套屏蔽服，并注意各部连接可靠，作业中不允许断开，限制流过人体电流。

（2）在110kV、220kV运行线路上攀登杆塔，应穿导电鞋；如接近导线等带电体作业，应穿屏蔽服，将电场引起的人体电流（暂态及稳态）限制在1mA以下。

（3）在500kV运行线路塔上作业必须穿导电鞋和屏蔽服；离导线10米以内作业，必须穿屏蔽服和导电鞋；在两条以上平行运行的500kV线路上，即使在停电线路上工作，也必须穿导电鞋和屏蔽服，使人的体表场强限制在15kV/m以下，流经人体的电流不大于50μA。

（4）传递至塔上的被绝缘的金属物体应先与塔体接触，塔上地电位作业人员再接触物体；吊下至地面的被绝缘的金属物体应先接地，地面作业人员再接触物体。

（5）退出运行的电气设备，若附近有强电场，所有绝缘体上的金属部件，在没有接地前，禁止处于地电位的人员用手直接接触。

（6）已经断开电源的空载相线，无论其长短，在邻近导线有电或尚未脱离电源时，作业人员不准触碰，并应保持足够的安全距离，防止空载相线感应电压伤人。使用绝缘工具将其良好接地后，作业人员才能触及空载相线。

（7）绝缘架空地线应视为带电，塔上带电作业人员要对其保持足够的安全距离。应让绝缘地线先良好接地后，才能触碰。

第2章

高处作业与现场救护

2.1 高处作业

在输电线路带电作业现场，借助于爬梯、脚钉、绝缘软梯等登高设施，作业人员攀爬到达横担、地线支架等杆塔上部以及导线等位于高处的作业点展开作业称为高处作业，也称登高作业。

2.1.1 高处作业相关基本概念

1. 高处作业定义

凡在坠落高度基准面2m以上（含2m）有可能坠落的高处进行的作业，均称为高处作业。高处作业分为一般高处作业和特殊高处作业两种。特殊高处作业包括强风高处作业、高温高处作业、雪天高处作业、雨天高处作业、夜间高处作业、带电高处作业、悬空高处作业和抢救高处作业。

2. 坠落高度基准面

通过可能坠落范围内最低处的水平面称为坠落高度基准面。

3. 可能坠落范围

以作业位置为中心，可能坠落范围半径为半径构成的与水平面垂直的柱形空间，称为可能坠落范围。

4. 基础高度

以作业位置为中心、6m为半径，构成一个垂直于水平面的柱形空间，此柱形空间内最低处与作业位置间的高度差称为基础高度。

5. 可能坠落范围半径

为确定可能坠落范围而规定的，相对于作业位置的一段水平距离称为可能坠落范围半径。其大小取决于与作业现场的地形、地势或建筑物分布等有关的基础高度。

6. 高处作业高度

作业区各作业位置至相应坠落高度基准面的垂直距离的最大值，称为该作业区的高处作业高度，简称作业高度。

2.1.2 高处作业分级

1. 高处作业的级别和可能坠落半径

一级高处作业：作业高度在2～5m，可能坠落半径为3m。

二级高处作业：作业高度在5～15m，可能坠落半径为4m。

三级高处作业：作业高度在15～30m，可能坠落半径为5m。

四级高处作业：作业高度在30m以上，坠落半径为6m。

2. 直接引起坠落的客观危险因素

（1）阵风风力五级（风速10m/s）以上。

（2）GB/T4200-2008《高温作业分级》规定的Ⅱ级以上的高温条件。

（3）气温低于10℃的室外环境。

（4）场地有冰、雪、霜、水、油等易滑物。

（5）自然光线不足，能见度差。

（6）接近或接触危险电压带电体。

（7）摆动，立足处不是平面或只有很小的平面，致使作业者无法维持正常姿势。

（8）抢救突然发生的各种灾害事故。

（9）超过GB12330-1990《体力搬运重量限值》规定的搬运。

为了高处作业安全，要求现场的生产条件和安全设施等应符合有关标准、规范要求，工作人员的劳动防护用品应合格、齐备。现场使用的安全工器具应合格并符合有关要求。

2.1.3 对高处作业人员的基本要求

1. 高处作业的身体要求

经医师鉴定，无妨碍工作的病症。患有高血压、心脏病、恐高症、严重贫血、癫痫病以及其他不宜从事高处作业的病症人员，不得从事高处作业。高处作业人员每年进行一次体检。

2. 高处作业人员的安全教育

（1）高处作业人员必须经过三级安全教育，并具备必要的安全生产知识，学会紧急救护法，特别要学会触电急救。三级安全教育是指新入厂（企业）职工的厂级、车间级和岗位（工段、班组）安全教育，它是企业安全教育制度的基本形式。

（2）高处作业人员必须系好安全带、穿软底鞋、戴安全帽和劳保手套，工作前严禁饮酒。

（3）高处作业所用的工具和材料应放在工具包内，或用绳索绑牢；上下传递物件应用绳索拴牢传递，严禁上下抛掷。严禁负重攀登杆塔或杆塔上移位。本书中，钢筋混凝土电杆、铁塔、钢管塔等统称杆塔。

（4）严禁利用绳索或拉线上下杆塔或顺杆下滑。

2.1.4 高处作业的准备工作

1. 气象条件

杆塔上作业应在良好的天气下进行，在工作中遇见5级以上大风或湿度大于80%以及雷暴雨、冰雹、大雾等恶劣天气时，应停止工作。

在特殊情况下，必须在恶劣天气进行带电抢修时，应组织有关人员充分讨论并编制必要的安全措施，经本单位分管生产的领导（总工程师）批准后方可进行。

2. 杆塔的检查

上杆塔作业前，应先检查杆塔的基础、杆塔身和拉线是否部件齐全且牢固。新组立杆塔在杆塔基基础未完全牢固或未做好临时拉线前，严禁攀登。

3. 登高工具和设施的检查

登杆塔前，应先检查登高工具和设施，如爬梯、脚钉、防坠装置等是否完整牢靠。

4. 安全带的检查

高处作业时，安全带（绳）应挂在牢固的构件上或专为挂安全带用的钢架或钢丝绳上，且不得低挂高用，禁止系挂在移动或不牢固的物件上，如避雷器等。系好安全带后应检查扣环是否扣牢。

5. 作业现场安全措施

在高处作业现场，作业人员不得站在作业点的垂直下方，可能坠落范围内不得有无关人员通行或逗留。在行人道口或人口密集区从事高处作业，工作点下方，应设围栏或其他保护措施。

2.1.5　输电线路带电作业的主要危险点及预控措施

由于输电线路带电作业大多属于在强电磁场中的高处作业，需要多人协作完成工作任务，其技术性强、风险程度高，作业人员常常面对触电、高处坠落、高处坠物伤人等危险点，在实际操作中必须采取可靠的安全措施，以保护人身及设备的安全。详见表2-1-1。

表2-1-1　输电线路带电作业的主要危险点及预控措施表

序号	危险点	危险因素	预控措施
1	触电伤害	1.未停用重合闸。 2.误登杆塔。 3.绝缘工具失效或绝缘长度不足。 4.屏蔽服不合格或未正确穿戴。 5.接触金属物品前未做接地放电。 6.与带电体的安全距离不足。 7.其他违章行为	1.工作前，工作负责人应与值班调控人员联系，停用线路重合闸，并履行许可手续。 2.塔上地电位作业人员登塔前必须仔细核对线路双重命名、杆塔编号、相别，确认无误后方可上塔。 3.工作中，如遇线路突然停电，作业人员应视其仍然带电。工作负责人应尽快与调控人员联系，值班调控人员未与工作负责人取得联系前不准强送电。 4.绝缘工具及绝缘绳索不得损坏、受潮、变形、失灵，不准使用非绝缘绳索（如棉纱绳、白棕绳、钢丝绳）。 5.塔上地电位作业人员应穿着阻燃内衣，衣服外面应穿戴全套屏蔽服（包括帽、衣裤、手套、袜和鞋），且各部分应连接良好。 6.用绝缘绳索传递大件金属物品时，地电位作业人员应将金属物品接地后再接触。 7.等电位作业人员在电位转移前，应得到工作负责人的许可，人体裸露部分与带电体的最小距离不小于0.3m（500kV不小于0.4m）；电位转移时，动作应迅速，严禁用头部充放电；与地电位作业人员传递工具和材料时，使用绝缘工具或绝缘绳索的有效长度不准小于“安规”的规定。 8.监护人员（由工作负责人兼任）应对作业人员进行不间断监护，随时纠正其不规范或违章动作。重点关注高处作业人员，使其保持足够的安全距离，禁止同时接触两个非连通的带电体或带电体与接地体

续表

序号	危险点	危险因素	预控措施
2	高处坠物伤人	1.浮置物件、口中含物。 2.未正确佩戴安全帽。 3.作业点下方站立。 4.未正确设置围栏、未正确悬挂标示牌。 5.未正确进行冲击试验。 6.其他违章行为	1.高处作业人员的个人工具及零星材料应装入工具袋，严禁在高处浮置物件、口中含物。 2.地面作业人员必须正确佩戴安全帽，正确使用绳结，与作业点垂直下方距离不得小于坠落半径。 3.作业现场设置围栏并挂好警示标志。监护人员应随时注意，禁止非工作人员及车辆进入作业区域；监控无人机飞行状态，防止无人机因坠机导致人身伤害。 4.大刀卡具和绝缘托瓶架安装完毕后，应分别进行冲击试验，并确认连接可靠、无异常；拆除大刀卡具和绝缘托瓶架使新绝缘子串受力后，应进行冲击试验，并确认连接可靠、受力良好
3	高处坠落	1.作业人员精神状态差。 2.未检查登高设施。 3.失去安全保护或安全工器具失效。 4.登高动作错误。 5.未牢固布置绝缘平梯。 6.登高工器具失效。 7.其他违章行为	1.高处作业人员登高前，必须具备符合本项作业要求的身体状况、精神状态和技能素质。 2.登塔作业人员应先检查脚钉应牢固、鞋底应清洁，并加挂防坠器；上下塔时，手抓主材、脚踩脚钉、匀步登（下）塔。 3.绝缘软梯布置位置合理、稳固。等电位作业人员应系好绝缘后备保护绳，手抓边绳、脚踩横担、匀步登（下）梯。 4.绝缘平梯布置位置合理、稳固。等电位作业人员应系好绝缘后备保护绳，在绝缘平梯上通常采取坐或蹲的姿势，匀速进入强电场；移动过程中，必须同时系好双保险安全带的主带和后背保护绳。 5.“士”字架布置位置合理、可靠。等电位作业人员应系好绝缘后备保护绳，手抓“士”字架立柱、坐稳上横担、脚踩下横担，在地面人员的配合下快速、平稳的进出电场。 6.中间电位电工所有作业环节不得失去后备保护绳和安全带的保护，手和脚应协调配合，严格执行“跨二短三”，避免大挥手、大迈步等动作发生。 7.自爬升装置导轨绳应布置合理且可靠锚固。作业人员操作自爬升装置升、降速度均匀，动作平稳；升降全过程应使用人体后备保护绳，地面辅助人员合理控制人体后备保护绳，避免人员失去保护；遇到自爬升装置故障时，方可使用后备自救设置下落。 8.监护人员应随时纠正其不规范或违章动作，重点关注作业人员在转位的过程中不得失去安全带或绝缘后备保护绳的保护，严禁低挂高用

续表

序号	危险点	危险因素	预控措施
4	导线脱落	1.未正确使用导线防脱保护绳。 2.未正确进行冲击试验。 3.未检查销钉等。 4.其他违章行为	1.必须使用导线防脱保护绳，且应松紧适度。 2.拆除旧绝缘子串前，须对绝缘拉板、丝杠等承力工具做冲击试验，确认连接可靠、受力正常。 3.承力工具拆除前，须检查绝缘子弹簧销齐全、安装到位，并对已安装的新绝缘子串做冲击试验，确认连接可靠、受力正常
5	玻璃绝缘子自爆	1.敲碰玻璃绝缘子。 2.未正确佩戴护目镜。 3.其他违章行为	1.作业过程中，严禁工器具碰触、敲打玻璃绝缘子，或使玻璃绝缘子与杆塔等物发生碰撞。 2.等电位作业人员需佩戴护目镜，防止玻璃绝缘子自爆伤人；监护人员应随时纠正其不规范或违章动作
6	无人机坠机	1.与带电体安全距离不足。 2.与线路本体安全距离不足。 3.其他违章行为	1.无人机飞行过程中，操控手应时刻注意，保持无人机与带电导线之间有足够的安全距离，防止无人机因电磁感应而坠机损坏。 2.采用无人机牵引自爬升装置导轨绳时，应严格注意无人机规范牵引，严禁牵引过快、抖动过大造成无人机失控坠机损坏

2.2 外伤急救

2.2.1 外伤急救的基本要求

实施现场外伤急救时，现场人员在迅速通知医疗救护机构的同时，要沉着、迅速地开展急救工作。外伤现场急救的基本原则是：先抢后救、先重后轻、先急后缓、先近后远、先止血后包扎、先固定后搬运。

2.2.2 外伤急救的四项技术

1. 止血

常用的止血方法有五种，使用时要根据具体情况，可选用一种，也可以把几种止血法结合一起应用，以达到最快、最有效、最安全的止血目的。

（1）指压动脉止血法。

用手指（拇指）或手掌压住出血血管（动脉）的近心端，使血管被压在附近的骨块上，从而中断血流，能有效达到快速止血的目的。指压止血法在操作时要注意：①准确掌握动脉压迫点；②压迫力度要适中，以伤口不出血为准；③压迫10～15分钟，此法只能在短时间内达到控制出血的目的，不宜久用；④保持伤处肢体抬高。

（2）直接压迫止血法。

这种方法适用于较小伤口的出血，用无菌纱布直接压迫伤口处，压迫约10分钟。

（3）加压包扎止血法。

这种方法适用于各种伤口，是一种比较可靠的非手术止血法。加压包扎止血法操作时先用无菌纱布覆盖压迫伤口，再用三角巾或绷带用力包扎，包扎范围应该比伤口稍大。在现场没有无菌纱布时，可使用消毒卫生巾、餐巾等替代。

（4）填塞止血法。

适用于颈部和臀部较大而深的伤口；先用镊子夹住无菌纱布塞入伤口内，如一块纱布止不住出血，可再加纱布，最后用绷带或三角巾绕颈部至对侧臂根部包扎固定。

（5）止血带止血法。

止血带止血法只适用于四肢大出血，当其他止血法不能止血时才用此法。止血带有橡皮止血带（橡皮条和橡皮带）、气性止血带（如血压计袖带）和布制止血带。在现场没有止血带时，可用弹性较好的布带等代替。止血带止血操作时应先用数层柔软布片或伤员的衣袖等垫在止血带下面，以刚使肢端动脉搏动消失为度。上肢每60分钟，下肢每80分钟放松一次，每次放松1~2分钟。开始扎紧与每次放松的时间均应书面标明在止血带旁。扎紧时间不宜超过4小时。不要在上臂中三分之一处和腋窝下使用止血带，以免损伤神经。若放松时观察已无大出血可暂停使用。严禁用电线、铁丝、细绳等作止血带使用。

高处坠落、撞击、挤压可能造成伤员腹腔内脏破裂导致内出血。若伤员外观无伤，但呈面色苍白、脉搏细弱、气促、冷汗淋漓、四肢厥冷、烦躁不安，甚至神志不清等休克状态，此时应迅速让伤员躺平，抬高下肢，保持温暖，送至医院救治。若送医院途中时间较长，可给伤员饮用少量糖盐水。

2. 包扎

伤口包扎时应做到动作轻巧，不要碰撞伤口，以免增加出血量和疼痛。接触伤口面的敷料必须保持无菌，以免增加伤口感染的机会。包扎要快且牢靠，松紧度要适宜，打结避开伤口和不宜压迫的部位。

常用的包扎用品有创可贴、尼龙网套、绷带、三角巾等。在现场没有以上用品时，也可就地取材，用衣服、毛巾等作为包扎材料。

3. 固定

（1）实施骨折固定先要注意伤员的全身状况，如心脏停搏要先复苏处理；如有休克要先抗休克或同时处理休克；如有大出血要先止血包扎，然后固定。

（2）固定的目的不是让骨折复位，而是防止骨折断端的移动，所以刺出伤口的骨折端不应该送回。

（3）固定器材的选择：最好用夹板固定，如无夹板可就地取材。在山区可用木棍、树枝，在工厂可用纸板或机器的杆柄，在战地可用枪支。在一无所有的情况下，可利用自身固定，如上肢可固定在躯体上，下肢可利用对侧固定。手指可与邻指固定。

（4）常见不同部位骨折的临时固定方法。

肩部骨折：可将上臂固定于胸侧，前臂用颈腕带悬吊。

上臂骨折：上臂骨折可用前后夹板固定，屈肘悬吊前臂于胸前。如无夹板，也可屈肘将上臂固定于胸部。

前臂及腕部骨折：前臂及腕部背侧放一夹板。用绷带或布带缠绕固定， 并屈肘、悬吊前臂于胸前。

髋部及大腿骨折：夹板上自腋下，下至踝上，用绷带缠绕固定，也可用两侧并拢中间放衬垫，用布带捆扎固定。

小腿骨折：内外侧放夹板，上端超过膝关节，下端到足跟，再缠绕固定。

躯干部骨折：伤员应平卧于硬板上，最好仰卧位，两侧放沙垫等物防止滚动。

（5）固定时动作要轻巧，固定要牢靠，松紧要适度，皮肤与夹板之间要垫适量的软物，尤其是夹板两端骨突出处和空隙部位更要注意，以防局部受压引起缺血坏死。

4. 搬运

（1）搬运伤员时应使伤员平躺在担架上，腰部束在担架上，防止跌下。搬运过程中要动作轻稳、协调一致。平地搬运时伤员头部在后，上楼、下楼、下坡时头部在上。

（2）要注意不同伤情不同搬运。

单纯的颜面骨折、上肢骨折，在做好临时固定后可搀扶伤员离开现场。

膝关节以下的下肢骨折，可背运伤员离开现场。

颈椎骨折：一人双手托住枕部、下颌部，维持颈部伤后位置，另两人分别托起腰背部、臀部及下肢。

胸腰椎骨折：一人托住头颈部，另两人分别于同侧托住胸腰段及臀部，另一人托住双下肢，维持脊柱伤后位置。

髋部及大腿骨折：一人双手托住腰及臀部，伤员用双臂抱住救护者的肩背部，另一人双手托住伤员的双下肢。

（3）用车搬运时，伤员在车上宜平卧，一般情况下，禁用头低位。以免加重脑出血、脑水肿，如遇昏迷病人，应将其头偏向一侧，以免呕吐物吸入气管，发生窒息。头部应与车辆行进的方向相反，以免晕厥，加重病情。

（4）搬运过程中要严密观察伤员伤情，防止伤情突变。

（5）先固定、止血，再搬运。

2.2.3　骨折急救

1. 骨折固定方法

肢体骨折可用夹板或木棍、竹竿等将断骨上、下方两个关节固定，如图2-2-1所示，也可利用伤员身体进行固定，避免骨折部位移动，以减少疼痛，防止伤势恶化。

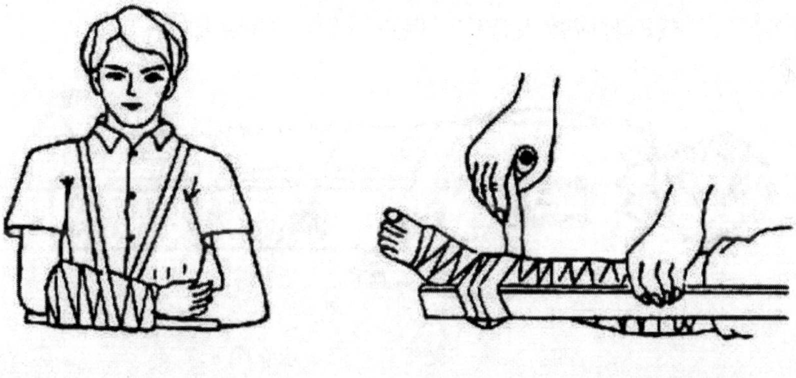

（a）上肢骨折固定　　（b）下肢骨折固定

图2-2-1　骨折固定方法示意图

开放性骨折，伴有大出血者，先止血，再固定，并用干净布片覆盖伤口，然后速送医院救治。切勿将外露的断骨推回伤口内。

2. 颈椎受伤的处理

疑有颈椎损伤，在使伤员平卧后，用沙土袋（或其他代替物）放置头部两侧（图2-2-2所示）使颈部固定不动。必须进行口对口呼吸时，只能采用抬颏使气道通畅，不能再将头部后仰移动或转动头部，以免引起截瘫或死亡。

图2-2-2　颈椎骨折固定示意图

腰椎骨折应将伤员平卧在平硬木板上，并将腰椎躯干及二侧下肢一同进行固定预防瘫痪（图2-2-3）。搬动时应数人合作，保持平稳，不能扭曲。

图2-2-3　腰椎骨折固定示意图

2.2.4 烧伤急救

1. 电灼伤、火焰烧伤或高温气、水烫伤

伤员的衣服鞋袜用剪刀剪开后除去。伤口全部用清洁布片覆盖，防止污染。四肢烧伤时，先用清洁冷水冲洗，然后用清洁布片或消毒纱布覆盖送医院。

2. 伤口的处理

（1）强酸或强碱灼伤应立即用大量清水彻底冲洗，迅速将被侵蚀的衣物剪去。为防止酸、碱残留在伤口内，冲洗时间一般不少于10min。

（2）未经医务人员同意，灼伤部位不宜敷搽任何东西和药物。

（3）送医院途中，可给伤员多次少量口服糖盐水。

2.2.5　冻伤与动物咬伤急救

1. 冻伤处理方法

（1）冻伤使肌肉僵直，严重者深及骨骼，在救护搬运过程中动作要轻柔，不要强使其肢体弯曲活动，以免加重损伤，应使用担架，将伤员平卧并抬至温暖室内救治。

（2）将伤员身上潮湿的衣服剪去后用干燥柔软的衣服覆盖，不得烤火或搓雪。

（3）全身冻伤者呼吸和心跳有时十分微弱，不应误认为死亡，应努力抢救。

2. 动物咬伤急救

（1）毒蛇咬伤后，不要惊慌、奔跑、饮酒，以免加速蛇毒在人体内扩散。

①咬伤大多在四肢，应迅速从伤口上端向下方反复挤出毒液，然后在伤口上方（近心端）用布带扎紧，将伤肢固定，避免活动，以减少毒液的吸收。

②有蛇药时可先服用，再送往医院救治。

（2）犬咬伤

①犬咬伤后应立即用浓肥皂水冲洗伤口，同时用挤压法自上而下将残留伤口内唾液挤出，然后再用碘酒涂搽伤口。若周围一时无水源，那么可先用人尿代替清水冲洗，然后再设法找水。冲洗伤口要彻底。狗咬伤的伤口往往是外口小里面深，这就要求冲洗的时候尽可能把伤口扩大，并用力挤压周围软组织，设法把沾污在伤口上狗的唾液和伤口上的血液冲洗干净。

②少量出血时，不要急于止血，千万不要包扎或缝合伤口。

③尽量设法查明该犬是否为“疯狗”，对医院制订治疗计划有较大帮助。

2.2.6 高处坠落急救

输配电线路作业人员常常会参加高处作业的项目，存在高处坠落的风险。从高处坠落，受到高速的冲击力，使人体组织和器官遭到一定程度破坏而引起的损伤，通常有多个系统或多个器官的损伤，严重者当场死亡。高处坠落伤除有器官表现为直接或间接受伤外，尚可有昏迷、呼吸窘迫、面色苍白和表情淡漠等症状，可导致胸、腹腔内脏组织器官发生广泛的损伤。高处坠落时，足或臀部先着地，外力沿脊柱传导到颅脑而致伤；由高处仰面跌下时，背或腰部受冲击，可引起腰椎前纵韧带撕裂，椎体裂开或椎弓根骨折，易引起脊髓损伤。脑干损伤时常有较重的意识障碍、光反射消失等症状，也可有严重并发症的出现。

高处坠落的急救方法如下：

（1）去除伤员身上的用具和口袋中的硬物。

（2）在搬运和转送过程中，颈部和躯干不能前屈或扭转，而应使脊柱伸直，绝对禁止一个抬肩一个抬腿的搬法，以免发生或加重截瘫。

（3）创伤局部妥善包扎，但对疑似颅底骨折和脑脊液漏患者切忌作填塞，以免导致颅内感染。

（4）颌面部伤员首先应保持呼吸道畅通，撤除假牙，清除移位的组织碎片、血凝块、口腔分泌物等，同时松解伤员的颈、胸部纽扣。若舌已后坠或口腔内异物无法清除时，可用12号粗针穿刺环甲膜，维持呼吸、尽可能早作气管切开。

（5）复合伤要求平仰卧位，保持呼吸道畅通，解开衣领扣。

（6）周围血管伤，压迫伤部以上动脉干至骨骼。直接在伤口上放置厚敷料，绷带加压包扎以不出血和不影响肢体血循环为宜，常有效。当上述方法无效时可慎用止血带，原则上尽量缩短使用时间，一般以不超过1小时为宜，做好标记，注明上止血带时间。

（7）有条件时迅速给予静脉补液，补充血容量。

（8）快速平稳地送医院救治。

2.2.7 中暑急救

中暑常发生在高温和高湿环境中，对高温、高湿环境的适应能力不足是致病的主要原因。在气温大于32℃、湿度大于60%的环境中，由于长时间工作或强体力劳动，又无充分防暑降温措施时，极易发生中暑。

在高温天气为避免中暑，应做到：营造一个舒适的环境，室内要通风，尽可能把室温降至26～28℃，室内外温差在8℃以内。注意膳食的调配，饮食宜清淡，多饮水。提高对先兆中暑的认识，一旦出现头昏、头痛、口渴、出汗、全身疲乏、心慌等症状，应立即脱离中暑环境，及时采取纳凉措施。

中暑的急救方法如下：

（1）立即将病人移到通风、阴凉、干燥的地方，如走廊、树荫下。

（2）使病人仰卧，解开衣领，脱去或松开外套。若衣服被汗水湿透，应更换干衣服，同时开电扇或开空调（应避免直接吹风），以尽快散热。

（3）用湿毛巾冷敷头部、腋下以及腹股沟等处，有条件时用温水擦拭全身，同时进行皮肤、肌肉按摩，加速血液循环，促进散热。

（4）意识清醒的病人或经过降温清醒的病人可饮服绿豆汤、淡盐水，或服用人丹、十滴水和藿香正气水（胶囊）等解暑。

（5）一旦出现高烧、昏迷抽搐等症状，应让病人侧卧，头向后仰，保持呼吸道通畅，同时立即拨打120电话，求助医务人员给予紧急救治。

2.3 安全文明生产

2.3.1 电力安全文明生产的基本概念

1. 电力安全生产的含义

（1）确保人身安全，杜绝人身伤亡事故；

（2）确保设备安全，保证设备正常可靠运行；

（3）确保电网安全，消灭电网瓦解和大面积停电事故。

这三方面是电力企业安全生产的有机组成部分，互不可分，缺一不可。

2. 电力文明生产

文明生产就是创造一个布局合理、整洁优美的生产和工作环境，人人养成遵守纪律和严格执行操作规程的习惯。文明生产时保证安全生产的必要条件。文明生产在一定程度上反映了企业的经营管理水平、职工的技术素质和精神面貌。电力线路检修人员在实际工作中，要做到严格遵守文明生产的要求，做到遵守工艺操作规程。

2.3.2 电力安全文明生产的组织管理

1. 安全管理体系

（1）以行政领导为主体的安全生产指挥体系；

（2）以党委书记为核心的安全思想政治工作保证体系；

（3）以总工程师为首的安全生产技术保障体系；

（4）以工会协同的安全及劳动保证监督体制。

2. 安全作业风险管理

（1）以防止电网大面积停电作为首要任务，重点防控大面积停电事故风险、重特大人身伤亡事故风险；

（2）负责制定工作目标、职责分工、措施计划，并检查落实和指导改进，按照“统一部署、分级管理”的原则，统筹协调推进动态风险标准化流程管控工作；

（3）针对生产作业活动，开展风险识别、风险预警、措施的落实和执行，协调和指导生产作业风险管理的改进和提升；

（4）针对电网、设备和生产环境，组织开展风险识别、风险预警、风险控制，建立安全风险管理工作机制。

第3章

带电作业工器具及其使用

3.1 110kV线路带电作业工器具及其使用

带电作业工器具，是指作业人员在带电作业过程中所使用的用具、工具、仪器仪表等。在工作状态下，带电作业工器具承受着电气和机械双重荷载的作用，其质量的好坏将直接关系到作业人员和设备的安全。因此，带电作业工器具应安全可靠、有足够的电气绝缘性能和机械强度，结构合理、轻便灵活、工艺先进，对雨天作业和带电水冲洗用的工器具，还应要求其具备较强的憎水性。

带电作业工器具种类较多，按照其用途可分为个人防护用具、金属工具、绝缘工具、仪器仪表、其他工具等。

3.1.1 个人防护用具

个人防护用具包括带电作业用屏蔽服、导电鞋、阻燃内衣、护目镜、双保险安全带、安全带、抓绳器、防坠器等。

1. 带电作业用屏蔽服

处在高压电场中的人体，因电磁感应的会有电流流过，可能危及人身安全，所以带电作业人员常需穿着全套屏蔽服。带电作业用屏蔽服（以下简称屏蔽服），又叫等电位均压服，是采用均匀的导体材料和纤维材料制成的服装，由衣、裤、袜、帽、手套等部件组成。穿着屏蔽服后，使处在强电磁场中的人体外表各部位形成一个等电位屏蔽面，从而防护人体免受高压电场及电磁波的危害，如图3-1-1所示。

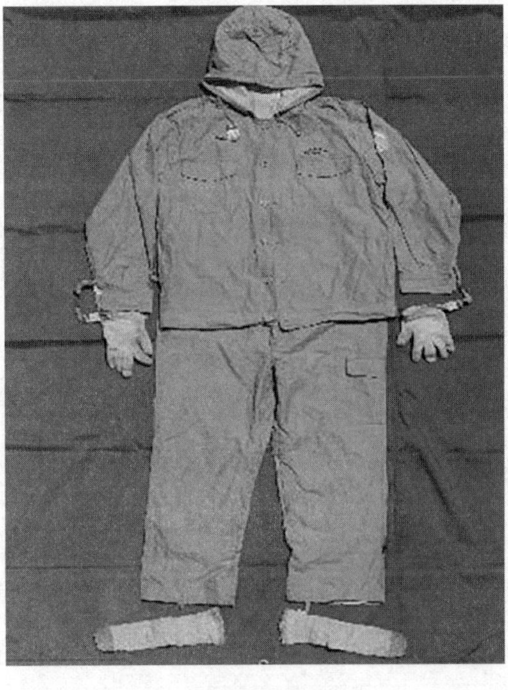

图3-1-1　屏蔽服

根据其使用条件的不同，屏蔽服可分为两类：Ⅰ型和Ⅱ型，见表3-1-1。

表3-1-1　屏蔽服分类表

类别	屏蔽效率，dB	熔断电流，A
Ⅰ型	≥40	≥5
Ⅱ型	≥40	≥30

屏蔽服由金属丝布制成。金属丝布的品种较多，国内多用0.025、0.03或0.05mm细铜丝与超细玻璃纤维、聚四氟乙烯纤维、柞蚕丝或棉纤维拼捻成斜纹或平纹布。

屏蔽服应有较好的屏蔽性能、较低的电阻、适当的通流容量、一定的阻燃性及较好的服用性能。屏蔽服各部件应经过两个可卸的连接头进行可靠的电气连接，应保证连接头在工作过程中不得脱开。整套屏蔽服各最远端点之间的电阻，其值均不得大于20Ω；在规定的使用电压等级下，测量衣服胸前、背后处以及帽内头顶处等三个部位的体表场强，其值均不得大于15 kV/m，测量人体外露部位（如面部）的体表局部场强，其值不得大于240kV/m；测量屏蔽服内流经人体的电流，其值不得大于50μA；对屏蔽服通以规定的工频电流，并经一定时间的热稳定以后，测量屏蔽服任何部位的温升，其值不得超过50℃；单件衣物质量大约为1kg左右。其使用注意事项如下：

（1）屏蔽服在运输过程中应用硬箱包装，避免长期受重压而导致导电材料的损坏。在使用前必须仔细检查外观质量，如有损坏即不能使用。

（2）在使用前必须仔细检查外观质量，如有损坏即不能使用。穿着时必须将衣服、帽、手套、袜、鞋等各部件的多股金属连接线按照规定次序连接好，并且不能和皮肤直接接触，屏蔽服内应穿内衣。

（3）进行等电位作业时，应严格按照《国家电网公司电力安全工作规程》相关规定，严禁通过屏蔽服短接接地电流、空载电路和耦合电容器的电容电流。

（4）屏蔽服使用中，若被人体汗液浸湿，应尽可能及时进行洗涤保养。

屏蔽服的洗涤保养应注意以下几个方面：

（1）金属纤维和银纤维的屏蔽服可以洗涤（金属化织物不建议洗涤）。

（2）屏蔽服洗涤时不可漂白，或使用含漂白成分的洗涤用品，应使用中性洗涤液、软毛刷刷洗。

（3）屏蔽服洗涤用水水温不宜超过40℃，使用自来水时，自来水应先静置一刻钟以上。

（4）屏蔽服不推荐机洗，手洗时不能用力拧、甩，自然晾干、不宜熨烫。

储存注意事项：屏蔽服使用后必须妥善保管，不与水气和污染物质接触，不应与其他化学物品放置在一起，以免损坏，影响电气性能；屏蔽服应该尽量在通风干燥的地方存放。由于导电织物中的导电材料在周围空气中会被氧化，未投入使用的屏蔽服必须包装好，使其在长期贮藏以后仍然不会被氧化。比如，可以将屏蔽服包装在一个里面衬有丝绸布的塑料袋里，丝绸布可将屏蔽服与塑料袋隔开以免相互粘住，也可包装在专用箱子中。使用后屏蔽服未穿着时应尽量用衣架悬挂存放，以防止功能性纤维断裂。

2. 导电鞋

导电鞋，是指具有良好的导电性能，可随时将人体静电泄放入地，仅用于没有电击危险场所的防护鞋，如图3-1-2所示。导电鞋可按材质分为皮鞋和布面胶底鞋，按制作工艺可分为胶粘类、注射类和模压类。

图3-1-2　导电鞋

导电鞋的电阻不得大于500Ω。导电鞋的主要技术性能除电气性能外，还有外底磨耗量、围条与鞋帮黏附强度、外底耐折、外底耐磨、成鞋剥离强度等指标。

使用及注意事项：穿用导电鞋不应同时穿绝缘的毛料厚袜及绝缘的鞋垫；导电鞋在使用时必须保持鞋面和鞋底的清洁。

储存注意事项：导电鞋应存放在干燥通风的仓库中，防止霉变。堆放时，离开地面、墙壁0.2m以上，离开发热体1m以外。避免与油、酸、碱类或其他腐蚀性物品接触。

3. 阻燃内衣

阻燃内衣，是用阻燃纤维编织的布料制成，与屏蔽服一起使用，提供防火阻燃保护的内衣，如图3-1-3所示。

阻燃内衣按照形状可分为衬衣、背心、秋衣。本产品的使用寿命受多种因素影响，如使用频率、工作环境等。

使用及注意事项。使用前，请检查以确保本产品无脏污、破损，否则保护性能将降低。最高清洗温度60℃，正常清洗、拧干。禁止氯漂、干洗、熨烫，禁止使用转筒式干燥机干燥。

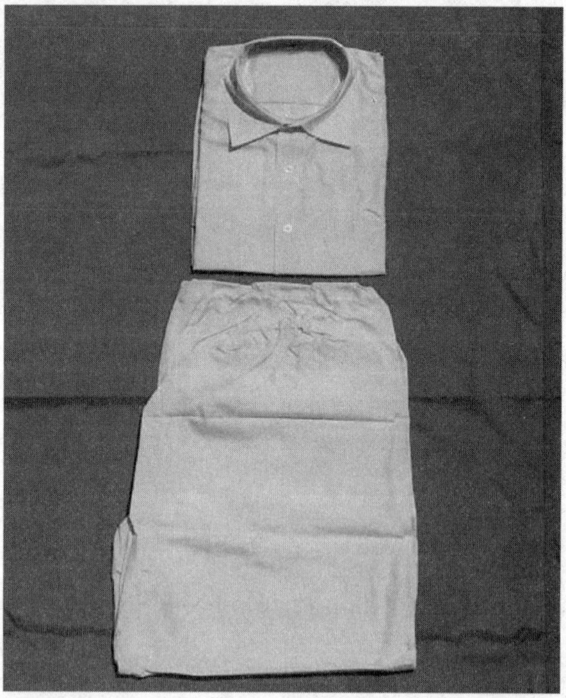

图3-1-3　阻燃内衣

储存注意事项：阻燃内衣应置于原包装储存在干燥、阴凉的环境中，避光避冻。

4. 护目镜

电力作业使用的护目镜，其镜片一般采用聚碳酸酯或醋酸酯等特种树脂制成，采用通风口设计以防止镜片起雾，主要用于防护眼部受到碎物飞溅，能高效阻截电弧产生的紫外线和红外线，如图3-1-4所示。

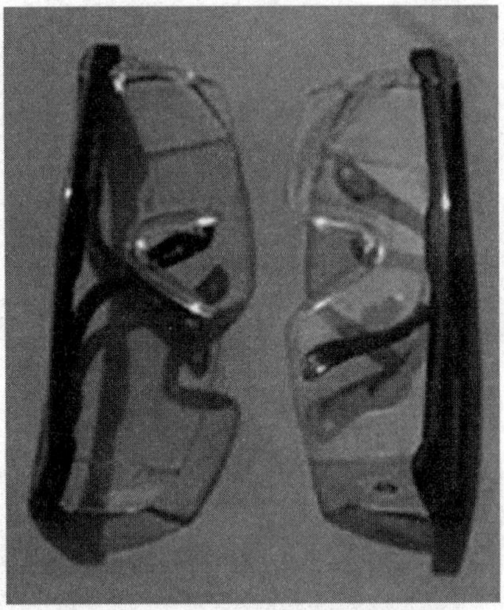

图3-1-4　护目镜

护目镜也叫防护眼镜，分为安全眼镜和防护面罩两大类。

使用及注意事项：护目镜配戴后应及时调整眼镜束带或镜架的松紧度，可与近视眼镜配合使用；镜片应随时保持清洁，手指不可碰触，以免影响视线；长时间使用后，镜片会变模糊，应及时更换。脏污的镜片清洗可用温水、肥皂水、专用清洗剂、超音波眼镜清洗器等，洗后宜用软布或专用纸沾干，放置晾干才收取储存。

储存注意事项：存放护目镜时，镜片应朝向不易被刮伤、手不易碰触、不易被污染的方向妥善保管。

5. 安全带

安全带，是防止高处作业人员发生坠落或发生坠落后能将作业人员安全悬挂的个体防护装备，是预防高处坠落事故的个人防护用品，由带子、绳子和金属配件组成。双保险安全带是指配有后备保护绳的安全带，如图3-1-5、3-1-6所示。

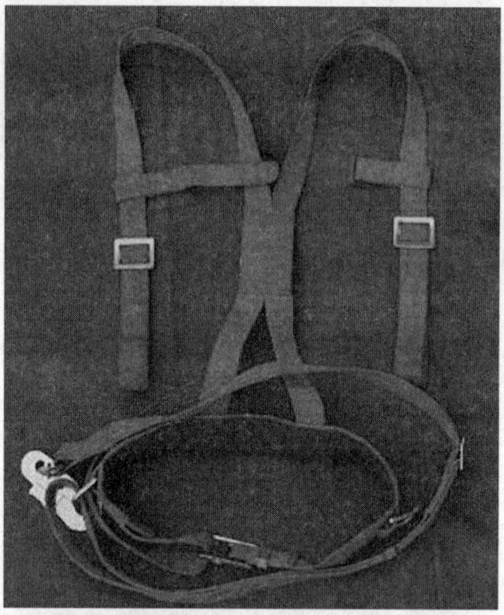

图3-1-5　三点式安全带

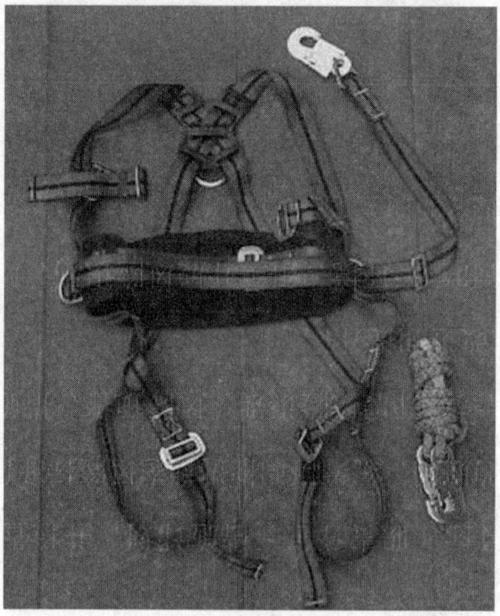

图3-1-6　五点式安全带和后备保护绳

安全带按结构可分为三点式或五点式安全带，五点式安全带又被称作全身安全带。其使用及注意事项如下：

（1）在思想上必须高度重视安全带的作用。无数事例证明，安全带是“救命带”，事故发生就在一瞬间，高处作业必须按规定要求系好安全带。

（2）使用前要检查并确认各部位完好无损，有合格证，且在试验有效期内；严禁使用不合格安全带。

（3）安全带要拴挂在牢固的构件或物体上，要防止摆动或碰撞，绳子不能打结使用，也不准将钩直接挂在安全绳上，应挂在连接环上使用；如无固定挂处，应采用适当强度的钢丝绳或采取其他方法悬挂；禁止挂在移动或带尖锐棱角或不牢固的物件上。

（4）安全带应高挂低用，杜绝低挂高用。

（5）安全带绳保护套要保持完好，以防绳被磨损。若发现保护套损坏或脱落，必须加上新套后再使用。

（6） 安全带严禁擅自接长使用，如果使用3m及以上的长绳时必须要加缓冲器（自锁钩所用的吊绳则例外），安全带上的各种部件不得任意拆除，更换新绳时要注意加绳套。

（7）缓冲器、速差式装置和自锁钩可以串联使用。

（8）安全带在使用两年后，应按批量购入情况，抽验一次；频繁使用的应经常进行外观检查，发现异常必须立即更换；带子使用期为3～5年，发现异常应提前报废。 安全带的围杆带做静负荷试验，以2 206N拉力拉伸5mm，如无破断方可继续使用；悬挂安全带冲击试验时，以80kg重量做自由坠落试验，若不破断，该批安全带可继续使用；对抽试过的样带，必须更换安全绳后才能继续使用。

储存注意事项：安全带在使用后，要注意维护和保管。

（1）要经常检查安全带缝制部分和挂钩部分，必须详细检查捻线是否发生裂断和残损等。

（2）不可接触高温、明火、强酸、强碱或尖锐物体，应存放在通风干燥的仓库中。

6. 抓绳器

当采用绝缘软梯或自爬升装置等工具到达高处作业点时，高处作业人员穿着的安全带无固定悬挂点，为预防高处坠落事故，确保发生高处作业人员坠落时能将作业人员安全悬挂，就需要构建并使用包括抓绳器在内的坠落防护系统。该系统一般由人体绝缘后备保护绳、抓绳器和全身式安全带（身体支撑）构成。抓绳器属于个人防护用品，如图3-1-7、3-1-8所示。

图3-1-7　使用中的抓绳器

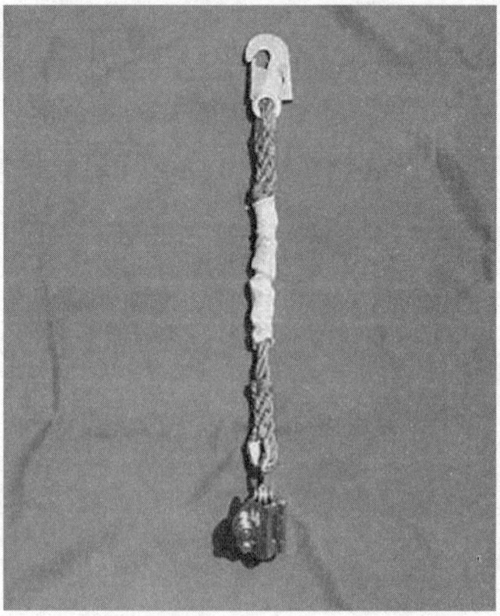

图3-1-8　抓绳器

抓绳器按照工作类型分为自动和手动两种。其使用及注意事项如下：

（1）使用前须检查抓绳器的锁紧凸轮以及自锁杆弹簧，确保凸轮能够自由移动；

检查配套的安全绳的绳套及绳体，无破损；吊钩无锈蚀、操作灵活可靠。

（2）将抓绳器系留在人体绝缘后备保护绳上，稍微向上拉直至到达抓绳器锁紧凸轮位置即松开。抓绳器有效工作距离，其下方始终至少留出3.7m的人体绝缘后备保护绳，以保留足够的锁定距离和坠落净空。

（3）作业人员沿人体绝缘后备保护绳向上进入作业点过程中，为确保抓绳器能在人体绝缘后备保护绳上平稳移动，可在人体绝缘后备保护绳下端添加重块或由地面电工拉紧绳头来施加拉力。

（4）与抓绳器相连的安全绳（不超过0.9m）吊钩，应钩在安全带后背扣环或腰环上。

抓绳器脏污后可用水和温和的肥皂液清洗，清洗后用干净的干布擦拭，晾干，不能高温烘干。

储存注意事项：抓绳器应存放在阴凉、干燥和干净的环境中，避免阳光直射。避免存放在会产生化学蒸汽的场所。长时间存放后应彻底检查抓绳器的状态。

7. 防坠器

防坠器，是在砼杆或铁塔上进行高处作业实际操作训练中所独有的，能在限定距离内快速制动锁定坠落物，用以防止高处作业人员发生坠落或发生坠落后能将作业人员安全悬挂，是预防高处坠落事故的个人防护用品。铁塔从塔脚到作业点应连续布设防坠轨道、方向转换器等，配以防坠器以保护高处作业人员的安全，如图3-1-9所示；砼杆上用的防坠器需牢固悬挂于砼杆顶部（为方便使用，也可在杆顶附近适当位置独立架设钢绳、钢架等用于固定防坠器），如图3-1-10所示。

攀登铁塔用防坠器按照轨道类型分为C型和T型，如图3-1-11、3-1-12所示。

使用及注意事项：防坠器每次使用前，在低处作冲击试验，检查其锁定是否可靠，锁紧块有否卡滞现象，并检查外壳有无变形或损坏；作业时防坠器按向上标志方向套入轨道，才可进行正常作业，到达作业位置要进行作业时，应先将保护绳挂好，才可将安全带与防坠器脱开，如要恢复时，应先将安全带与防坠器连接后才可取下保护绳；每年做一次防护性试验，采用静负荷试验，防坠器和轨道配合后进行15kN的静载试验，以锁定可靠不滑移，防坠器无变形损坏为合格。

储存注意事项：防坠器应存放在干燥的库房中，每次使用后必须擦干水渍、污泥。

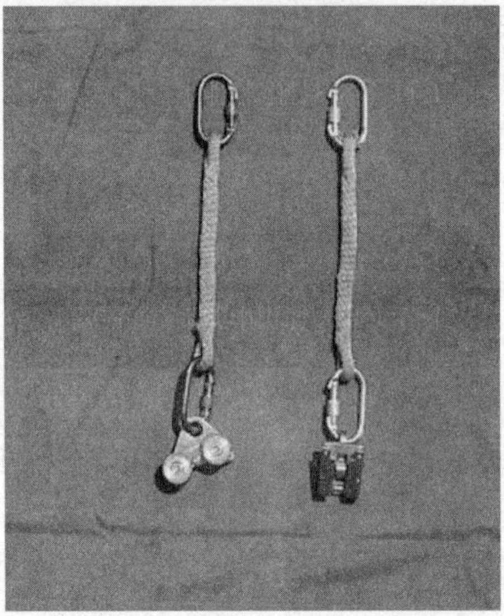

图3-1-9　防坠器

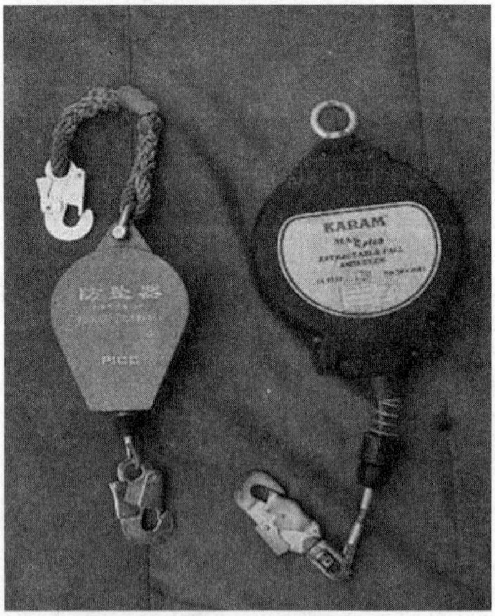

图3-1-10　防坠器

图3-1-11 使用中的C型防坠器

图3-1-12 使用中的T型防坠器

3.1.2 金属工具

110kV线路带电作业金属工具主要有跟斗滑车、金属滑车、软梯头、绝缘子卡具等。

1. 跟斗滑车

跟斗滑车，由挂钩和定滑轮两部分组成，主要用于软梯悬挂，如图3-1-13所示。

跟斗滑车按照使用类型分为自锁型和非自锁型。

使用及注意事项：使用前，应检查其锁扣是否可靠，锁紧块是否有卡滞现象，滑轮是否转动灵活，并检查外壳有无变形或损坏。

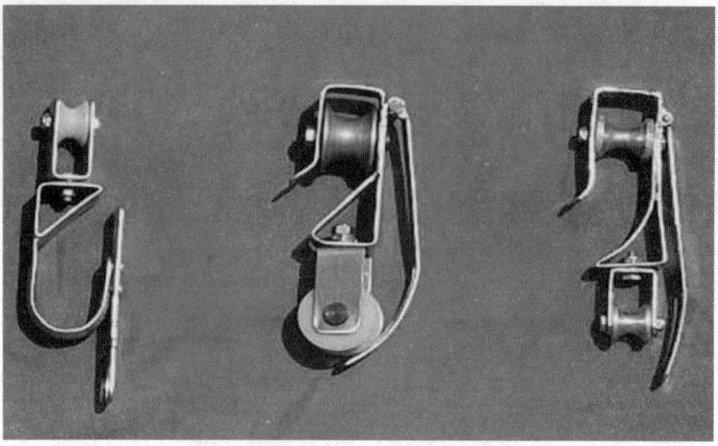

图3-1-13　跟斗滑车

2. 金属滑车

金属滑车，是线路检修和施工安装的常用工具之一，用作定滑车可改变作用力的方向，用作动滑车可实现省力，组成滑车组可同时实现改变作用力的方向和省力，如图3-1-14所示。

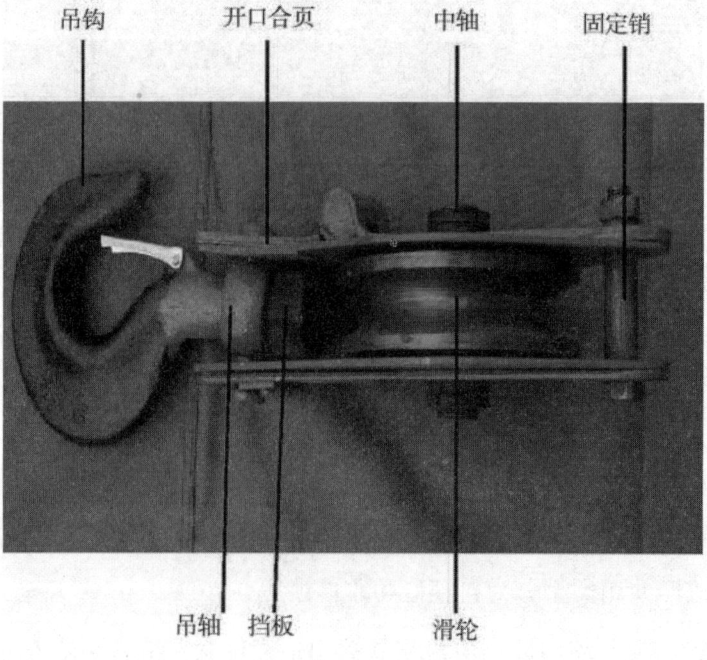

图3-1-14　金属滑车

金属滑车按照材质可分为铁（钢）滑车、铝（合金）滑车及其他；按照用途可分为起重滑车、放线滑车等，起重滑车分为吊环式起重滑车、吊钩式起重滑车、吊架式起重滑车、链环式起重滑车，放线滑车分为电缆放线滑车、大直径放线滑车、地线放线滑车等；按照滑车的轮数可分为单轮滑车、双轮滑车和多轮滑车。其使用及注意事项如下：

（1）使用前必须进行外观检查。主要检查滑轮、吊钩或吊环、开口合页、护板、轴承、销钉及螺栓等，各部件外观完整、无锈蚀、无破损、无变形；滑轮、吊钩或吊环、开口合页、轴承转动应灵活，无卡阻；有轻微变形或磨损的，不得影响正常使用；凡吊钩或吊环、护板等有严重变形裂纹，轮缘破损、轴承变形、轴瓦磨损以及转动不灵活、零部件不全、荷载不明等情况，均不得使用。

（2）检查滑车试验合格证是否在有效期内。

3. 软梯头

软梯头，是主要用于连接软梯并悬挂于导地线上进行作业（含带电作业）的一种工具，主要作业内容包括更换高压线路间隔棒、防振锤，修补导线等，如图3-1-15、3-1-16所示。

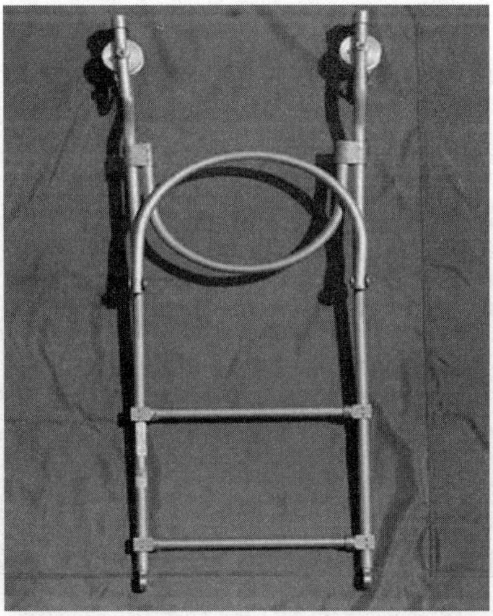

图3-1-15　软梯头

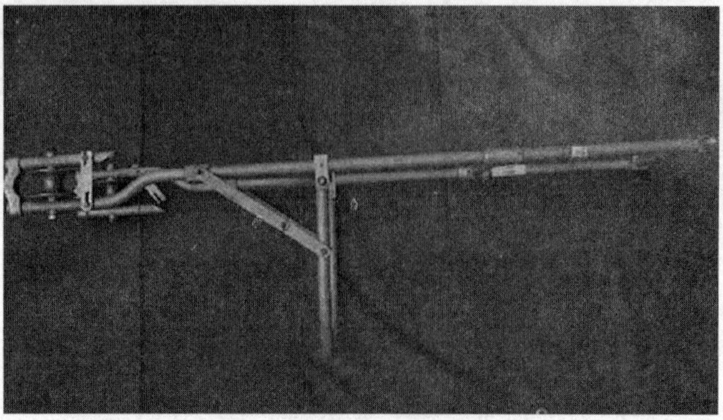

图3-1-16　软梯头

软梯头由梯头框架、滑轮式挂钩（含闭锁装置）、座位支撑杆和挂环等几个部分组成。梯头框架为矩形框架；滑轮式挂钩安装于梯头框架上部，用于悬挂在导地线上，并可沿导地线滑动，其闭锁装置锁定后，能防止软梯头从导地线上脱出；座位支撑杆安装于挂钩下部的梯头框架上，供作业人员乘坐；挂环焊接在梯头框架的下端，用于与软梯连接。软梯头一般采用铝合金材质，轻便、稳定性好，安全系数高。

使用及注意事项：使用前必须进行外观检查，各部件外观完整、无破损、无变形；连接部位应牢固，滑轮、吊环应转动灵活，有无卡阻。

4. 绝缘子卡具

绝缘子卡具是线路带电更换绝缘子的主要工器具，多用铝合金制成，如图3-1-17、图3-1-18、图3-1-19所示。

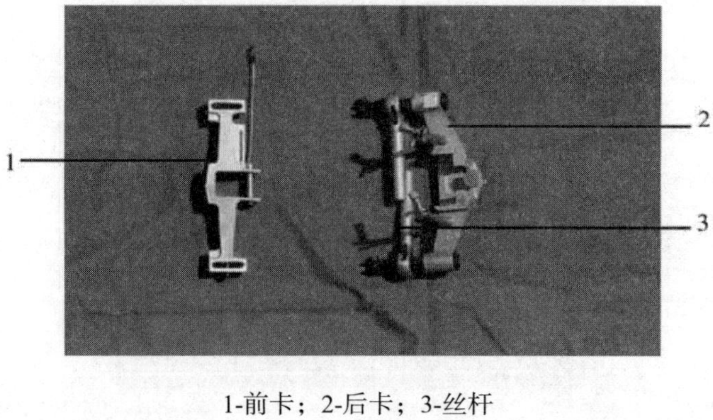

1-前卡；2-后卡；3-丝杆
图3-1-17　翼型卡具

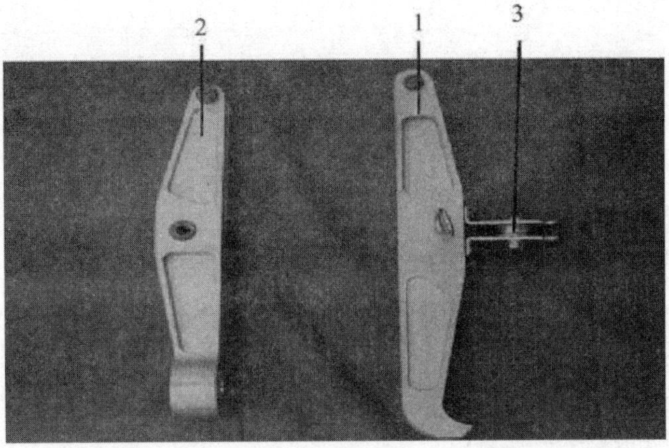

1-前卡；2-后卡；3-提升滑轮

图3-1-18　大刀卡

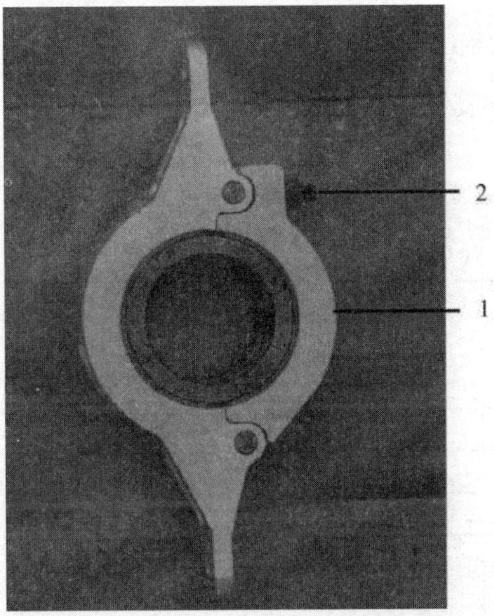

1-活盖；2-螺栓

图3-1-19　闭式卡

绝缘子卡具按功能可分为耐张串卡具、直线串卡具、单片绝缘子卡具。代号分别表示如下：

"N"——耐张串卡具；

"Z"——直线串卡具；

“D”——单片绝缘子卡具。

耐张串卡具用于更换耐张绝缘子及金具的卡具，按结构形状主要可分为翼形卡、大刀卡、斜卡、弯板卡、翻板卡等。直线串卡具用于更换直线绝缘子及金具的卡具，按结构形状主要可分为V形卡、托板卡、花形卡、吊钩卡、钩板卡等。单片绝缘子卡具用于更换单片绝缘子的卡具，按结构形状主要有闭式卡、端部卡等。

卡具按结构形式分别用卡具名称汉语拼音的第一个字母加“K”标示。如：“翼形卡”用“YK”表示，“大刀卡”用“DK”表示。

卡具额定荷重的取值一般为：

$$P=P_0\times25\%+5$$

式中：P——卡具的额定荷重，kN；

P_0——卡具适用的绝缘子或金具级别，kN。

耐张串系列卡具规格及技术参数见表3-1-2。

表3-1-2　耐张串系列卡具的规格及技术参数

单位：kN

名称	型号	额定荷重	动态 试验荷重	静态 试验荷重	破坏荷重	适用绝缘 子级别
翼形卡	NYK80-300	80	120.0	200.0	240.0	300
	NYK60-210	60	90.0	150.0	180.0	210
	NYK45-160	45	67.5	112.5	135.0	160
	NYK35-120	35	52.5	87.5	105.0	120
	NYK30-100	30	45	75.0	90.0	≤100
大刀卡	NKD45-160	45	67.5	112.5	135.0	160
	NKD35-120	35	52.5	87.5	105.0	120
	NKD30-100	30	45.0	75.0	90.0	≤100
翻板卡	NFK60-210	60	90.0	150.0	180.0	210
	NFK45-160	45	67.5	112.5	135.0	160
	NFK35-120	35	52.5	87.5	105.0	≤120
弯板卡	NWK45-160	45	67.5	112.5	135.0	210、160
	NWK35-120	35	52.5	87.5	105.0	≤120
斜卡	NXK60-210	60	90.0	150.0	180.0	210、160
	NXK35-120	35	52.5	87.5	105.0	≤120

直线串系列卡具规格及技术参数见表3-1-3。

表3-1-3 直线串系列卡具的规格及技术参数

单位：kN

名称	型号	额定荷重	动态 试验荷重	静态 试验荷重	破坏荷重	适用绝缘 子级别
直线吊钩卡	ZDK60-210	60	90.0	150.0	180.0	210、160
	ZDK35-120	35	52.5	87.5	105.0	120
	ZDK30-100	30	45.0	75.0	90.0	≤100
V型串卡	ZVK60-210	60	9zz0.0	150.0	180.0	210
	ZVK45-160	45	67.5	112.5	135.0	160
托板卡	ZTK60-210	60	90.0	150.0	180.0	210
	ZTK45-160	45	67.5	112.5	135.0	160
钩板卡	ZGK60-210	60	90.0	150.0	180.0	210
	ZGK45-160	45	67.5	112.5	135.0	160
花型卡	ZHK45-160	45	67.5	112.5	135.0	160
	ZHK35-120	35	52.5	87.5	105.0	120
	ZHK30-100	30	45.0	75.0	90.0	≤100

单片绝缘子系列卡具规格及技术参数见表3-1-4。

表3-1-4 单片绝缘子系列卡具的规格及技术参数

单位：kN

名称	型号	额定荷重	动态 试验荷重	静态 试验荷重	破坏荷重	适用绝缘 子级别
端部卡	DDK105-400	105	157.5	262.5	315.0	400
	DDK80-300	80	120.0	200.0	240.0	300
	DDK60-210	60	90.0	150.0	180.0	210
	DDK45-160	45	67.5	112.5	135.0	160
	DDK35-120	35	52.5	87.5	105.0	120
	DDK30-100	30	45.0	75.0	90.0	≤100
闭式卡	DBK105-400	105	157.5	262.5	315.0	400
	DBK80-300	80	120.0	200.0	240.0	300
	DBK60-210	60	90.0	150.0	180.0	210
	DBK45-160	45	67.5	112.5	135.0	160
	DBK35-120	35	52.5	87.5	105.0	120
	DBK30-100	30	45.0	75.0	90.0	100

输电线路带电更换绝缘子针对不同的塔型、绝缘子串型、金具类型，最常用的绝缘子卡具有翼型卡、大刀卡、闭式卡三种。下面重点介绍这三种绝缘子卡具。

（1）翼型卡

翼型卡组装在绝缘子串导线端的卡具叫前卡，组装在绝缘子串横担端的卡具叫后卡，如图3-1-17所示。

翼型卡主要用于带电更换单联耐张绝缘子串。作业时需要将卡具卡住绝缘子串两侧金具，通过丝杠和绝缘拉板收紧导线，使绝缘子串松弛到托瓶架上对其更换（硅橡胶合成绝缘子不适用托瓶架）。

（2）大刀卡

大刀卡装在绝缘子串导线端的大刀卡具叫前卡，组装在绝缘子串横担端的大刀卡具叫后卡，前卡顶端处有一个提升滑轮，如图3-1-18所示。主要用于地电位作业法更换耐张双联绝缘子串。

（3）闭式卡

闭式卡包括前卡活盖、前卡螺栓、后卡活盖、后卡螺栓等，如图3-1-19所示。适用于等电位作业法更换耐张串导线侧绝缘子。

绝缘子卡具的使用注意事项如下：

（1）选用卡具时，应进行最大工作荷重的校核，若有特殊要求或不利气象环境条件致使工作荷重有可能超出卡具的额定荷重时，应选用大一级规格的卡具。

（2）使用前应对卡具外观进行检查，若发现裂纹应退出使用。运输中应避免碰撞，使用中不得用力敲打或摔落，避免影响其机械性能和工作性能。

（3）卡具与挂点的接触面应配合紧密可靠，非接触面应留有1～2mm间隙，以便于卡具安装或拆卸时方便、灵活。

（4）卡具各组成部分零件应表面光滑、平整，无毛刺、尖棱、裂纹等缺陷。

金属工具的储存注意事项：金属工具必须存放在清洁干燥、通风良好的专用库房内；库房内应专用配电盘、干湿温度计、照明装置和消费器材。室内湿度应保持在60%～70%，温度保持在-5℃～35℃；库房内应设高低层货架，应按大小和轻重分上下层放置并且用钢印铭号。

3.1.3 绝缘工具

110kV线路带电作业绝缘工具主要有：绝缘绳索、绝缘滑车、绝缘软梯、绝缘操作杆、绝缘拉板、绝缘托瓶架。

1. 绝缘绳索

绝缘绳索主要采用蚕丝或合成纤维为原料，其中蚕丝绳应用得最为普遍，广泛应用于带电作业工作中，是带电作业中最重要的绝缘材料之一，可用作运载工具、攀登工具、吊拉绳、连接套及保安绳等。此外，利用绝缘绳或绝缘带又可以制成绝缘软梯、腰带等，如图3-1-20所示。

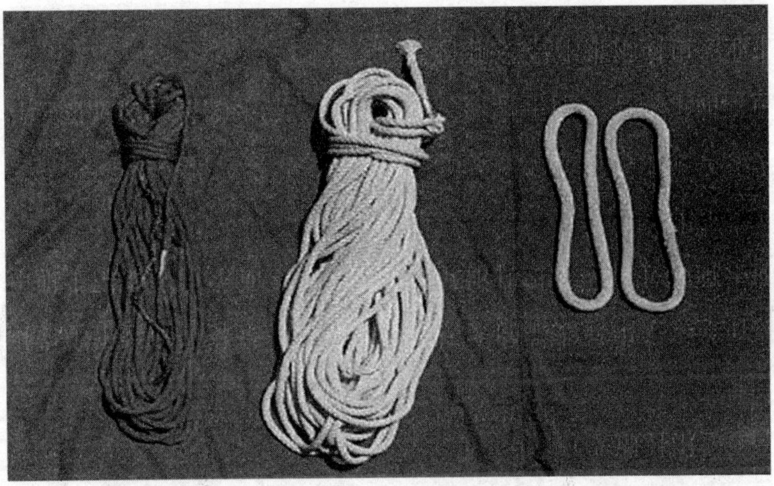

图3-1-20 绝缘绳索

绝缘绳索根据材料分为天然纤维绝缘绳索和合成绝缘绳索；根据在潮湿状态下的电气性能，分为常规型绝缘绳索和防潮型绝缘绳索；根据机械强度分为常规强度绝缘绳索和高强度绝缘绳索；根据编织工艺分为编织绝缘绳索、绞制绝缘绳索和套织绝缘绳索；根据使用用途分为消弧绳、绝缘绳套、绝缘保险绳、绝缘测距绳和吊绳。其使用及注意事项如下：

（1）绝缘绳索使用前，必须作外观检查，严禁有金属丝物夹带缠绕；所有绝缘绳索类工具的捻合成的绳索合绳股应紧密绞合，不得有松散、分股的现象。绳索各股及各股中丝线不应有叠痕、凸起、背股、抽筋等缺陷。

（2）绝缘绳索在使用前必须检查其试验合格证是否在有效期内，对超过有效试验期的绝缘绳索不能使用。

（3）绝缘绳索使用前根据工作荷载选用绝缘绳索种类和直径，并使用2 500V及以上兆欧表或绝缘检测仪进行分段绝缘检测（电极宽2 cm，极间宽2 cm），阻值应不低于700MΩ。

（4）绝缘绳索必须经试验合格后方可使用，严禁使用不合格的绝缘绳；须根据环境湿度选择防潮绝缘绳索；脏污严重的绝缘绳严禁在带电作业工作中使用。

（5）绝缘绳索使用人员应戴清洁、干燥的手套。

（6）绝缘绳索使用过程中必须放在防潮垫布上，防止受潮和脏污。

（7）绝缘绳索在使用过程中，满足相对应电压等级的安全距离。

2. 绝缘滑车

绝缘滑车是由挡板、滑轮、轴承、中轴、拉板、吊轴和吊钩组成，在110kV带电作业吊装过程中，用于绳索导向或承担负载的工具，如图3-1-21所示。

1-吊钩；2-吊轴；3-拉板；4-滑车；5-中轴

图3-1-21　绝缘滑车

绝缘滑车共分为15种型号，其种类见表。型号编制采用汉语拼音第一个字母及阿拉伯数字表示的方法：JH表示绝缘滑车；JH之后的数字表示额定负荷；短横线后的数字表示滑轮个数；最后一个字母表示结构特点，如B-侧板闭口型，K-侧板开口型，D-短钩型，C-长钩型，J-绝缘钩型，X-导线钩型，见表3-1-5。

表3-1-5　绝缘滑车型号规格

型　号	名　称	额定负荷	滑轮个数	备注
JH5—1B	单轮闭口型绝缘滑车	5	1	
JH5—1K	单轮开口型绝缘滑车	5	1	
JH5—1DY	单轮多用钩型绝缘滑车	5	1	
JH5—2D	双轮短钩型绝缘滑车	5	2	
JH5—2X	双轮导线钩型绝缘滑车	5	2	
JH5—2J	双轮绝缘钩型绝缘滑车	5	2	
JH5—3D	三轮短钩型绝缘滑车	5	3	
JH5—3X	三轮导线钩型绝缘滑车	5	3	
JH10—2D	双轮短钩型绝缘滑车	10	2	
JH10—2C	双轮长钩型绝缘滑车	10	2	
JH10—3D	三轮短钩型绝缘滑车	10	3	
JH10—3C	三轮长钩型绝缘滑车	10	3	
JH15—4D	四轮短钩型绝缘滑车	15	4	
JH15—4C	四轮长钩型绝缘滑车	15	4	
JH20—4D	四轮短钩型绝缘滑车	20	4	
JH20—4C	四轮长钩型绝缘滑车	20	4	

使用及注意事项：（1）根据使用需要选择绝缘滑车承重吨位；（2）根据使用地点特点不一样可以选择短钩型或长钩型；（3）更换直线绝缘子时可以采用滑轮组省力、距离控制更好。

3. 绝缘软梯

绝缘软梯，是由边绳、环形绳和横档组成的软梯。边绳和环形绳采用桑蚕丝或不低于桑蚕丝性能的阻燃绝缘纤维，横档应采用环氧酚醛层压玻璃布管。在线路带电作业过程中，绝缘软梯用于等电位作业人员进入电场或其他高处作业场所，如图3-1-22所示。

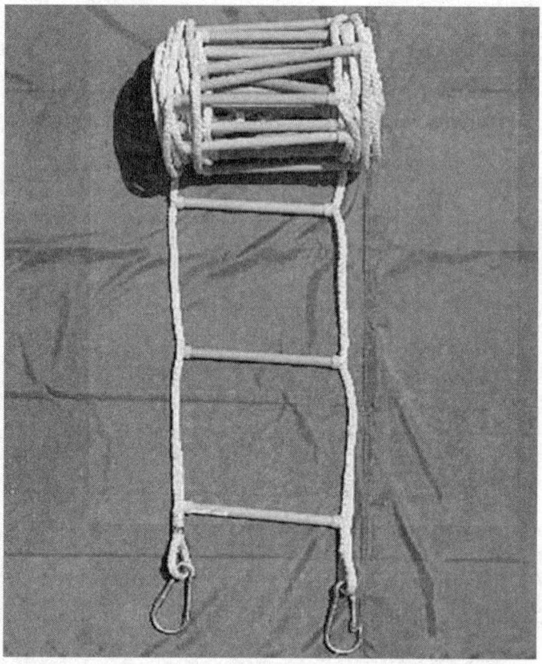

图3-1-22　绝缘软梯

绝缘软梯根据绝缘软梯步距，有300mm、400mm、500mm三种梯步距离的绝缘软梯。绝缘软梯根据在潮湿状态下的电气性能，分为常规型绝缘软梯和防潮型绝缘软梯。其使用及注意事项如下：

（1）根据作业点的高度选择绝缘软梯的长度。

（2）在等电位进电场时，先挂跟斗滑车及吊绳；通过吊绳吊起绝缘软梯及后备保护绳。

（3）攀登软梯必须使用后备保护绳，攀登有两种方式：从侧边攀登或正面攀登。

（4）在攀登软梯与梯头之间转移电位时，必须注意人体裸露部分与带电体之间的距离。

（5）使用软梯作业或用软梯头进行移动作业时，软梯或软梯头上只准1人工作。作业人员到达梯头上进行工作和软梯头开始移动前应将软梯头的闭锁装置可靠锁定。

4. 绝缘操作杆

绝缘操作杆由接头、绝缘杆两部分组成，有的绝缘操作杆端部还有握柄部分。其接头可为固定式或拆卸式，固定在操作杆上的接头为高强度材料。在带电作业中，作业人员在绝缘操作杆上装上对应的绝缘操作杆附件，就可在与带电体保持安全距离的情况下，使用绝缘操作杆完成零值绝缘子检测、跟斗滑车挂设、绝缘子销钉摘取等多项操作。110kV带电作业中绝缘操作杆最短有效绝缘长度1.3 m，端部金属接头长度≤0.10 m，手持部分长度≥0.70 m，整体长度为5 m，如图3-1-23所示。

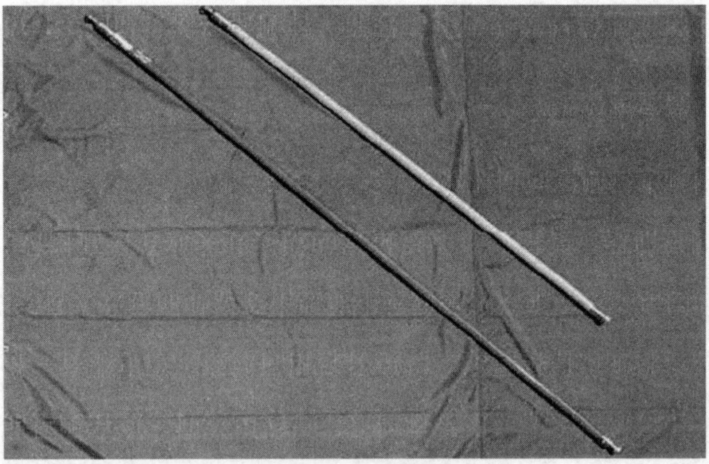

图3-1-23　绝缘操作杆

绝缘操作杆按照材质分为采用玻璃钢环氧树脂杆手工卷制成型杆和机械拉挤成型杆两种。两种绝缘杆各有优势：手工卷制杆的优点是张性大，但是纵向强度相对机械拉挤成型杆小。验电器机械拉挤成型杆的优点是强度大，但是横向张性相对手工卷制杆要小些。

绝缘操作杆按照结构可分为接口式绝缘操作杆、伸缩式绝缘操作杆和游刃式绝缘操作杆。接口式绝缘操作杆是比较常用的一种绝缘杆，分节处采用螺旋接口，最长可做到10m，可分节装袋携带方便；伸缩式绝缘操作杆分3节伸缩设计，一般最长做到6m，重量轻，体积小，易携带，使用方便，可根据使用空间伸缩定位到任意长度，有效地克服了接口式绝缘操作杆因长度固定而使用不便的缺点；游刃式绝缘操作杆接口处采用游刃设计，旋紧后不会倒转。其使用及注意事项如下：

（1）雨雪天气必须在室外进行操作时，应使用带防雨雪罩的特殊绝缘操作杆。

（2）连接绝缘操作杆时，连接节与节的丝扣要离开地面，不可将杆体置于地面上进行，以放杂草、土进入丝扣中或黏附在杆体的外表，丝扣要轻轻拧紧，丝扣未拧紧前不得使用。

（3）使用时应尽量减少对杆体的弯曲力，以防损坏杆体。

5. 绝缘拉板

绝缘拉板一般由金属配件与空心管、填充管、绝缘板连接组合而成，主要与金属卡具一起配合用于更换绝缘子，也可用于更换横担及砼杆的工作。110kV带电作业中绝缘拉板最短有效绝缘长度1.0 m，固定部分长度0.2 m，支杆活动部分长度0.6 m，如图3-1-24所示。

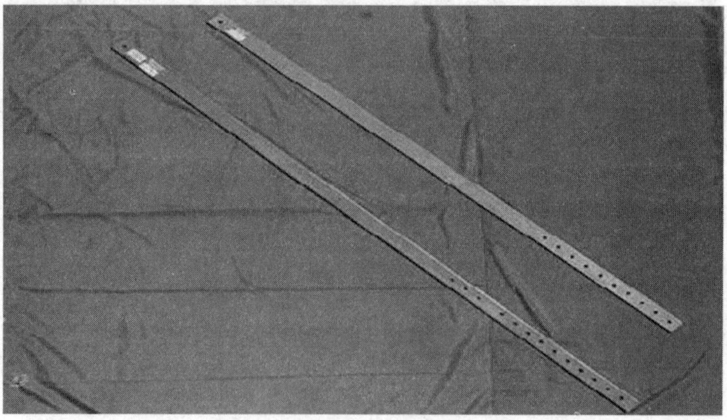

图3-1-24　绝缘拉板

绝缘拉板按结构可分为共用型、固定型、压杆型以及绝缘子托架型，其中前两种需配合固定器和牵引机具使用。其使用及注意事项如下：

（1）使用前应检查绝缘拉板的规格，应与同工作线路电压等级一致。

（2）检查绝缘拉板的试验合格证应在有效期内。

（3）绝缘拉板外观检查，应光滑，不能有裂纹、划痕等外部损伤，杆段间连接牢固。

6. 绝缘托瓶架

绝缘托瓶架是输电线路带电更换耐张、直线绝缘子串的重要工具。它两侧一般由椭圆形空心管或矩形绝缘板构成，主材之间用多根弧形板连接，再在弧形板上固定2～3根绝缘管，以利于绝缘子串动。绝缘托瓶架中的绝缘撑板间距（220kV及以下电压等级的托瓶架）一般以500mm左右（3片绝缘子高度）为宜，如图3-1-25和图3-1-26所示。

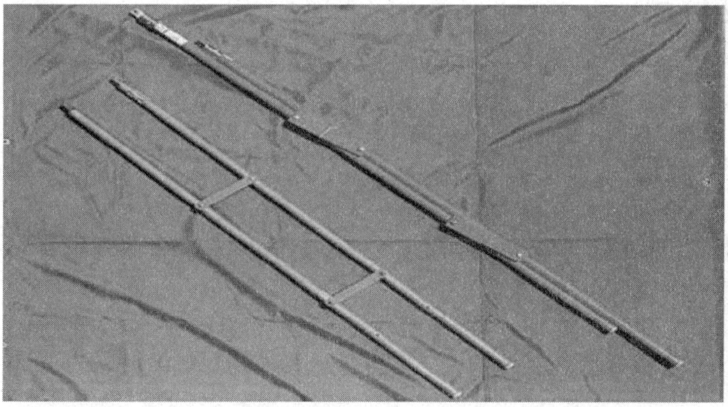

图3-1-25　绝缘托瓶架

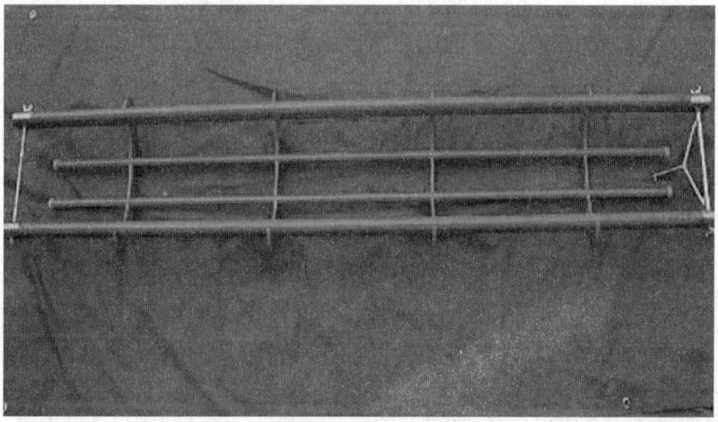

图3-1-26　绝缘托瓶架

绝缘托瓶架根据其功能的不同，分为直线托瓶架和耐张托瓶架两种。其使用及注意事项如下：

（1）使用前要进行外观检查，检查其主材、弧形板和绝缘管是否变形或连接松动。

（2）在更换绝缘子串是必须注意同卡具的配合，保证其连接牢固可靠，并做冲击试验验证其连接情况。

（3）绝缘托瓶架在传递过程中要注意不要与杆塔和金具碰撞，导致其损伤。

绝缘工具的储存注意事项：绝缘工具应置于通风良好、清洁干燥的专用房间存放。贮存期超过生产日期12个月，要按相关标准进行电气性能检验，以后凡贮存日期达12个月，均应按相关标准进行电气性能检验。

3.1.4 仪器仪表

带电作业常用仪器仪表主要有火花间隙检测装置、绝缘电阻测试仪、钳形电流表、风速仪、温湿度仪、万用表等。

1. 火花间隙检测装置

火花间隙检测装置主要用于带电检测零值瓷质绝缘子，以判断瓷质绝缘子的好坏，如图3-1-27所示。

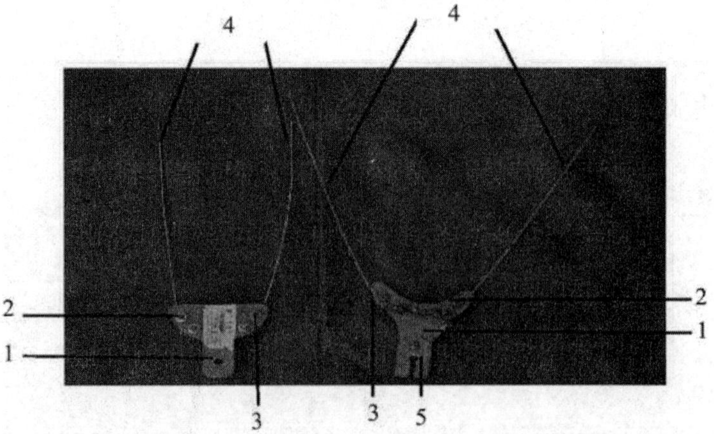

1-支撑板；2-接触电极固定架；3-火花电极；4-接触电极；5-连接头

图3-1-27　火花间隙检测装置示例图

我国目前使用的火花间隙检测装置可分为固定式和可变式两种类型。固定式，是指在检测过程中，间隙是固定不变的；可变式，是指在检测过程中可变动间隙距离，可粗略估计绝缘子的分布电压。

按照火花电极的型式，可分为球-球电极和尖-尖电极。其使用及注意事项如下：

（1）针式及少于3片的悬式绝缘子不得使用火花间隙检测器进行检测。火花间隙检测法实际是用试短接1片绝缘子的方法来判断绝缘子的绝缘性能。当绝缘子串中绝缘子片数少于3片时，如果有1片为零值，则进行检测时将极易引起接地短路故障，并烧坏工器具，造成设备事故。

（2）当检测35kV及以上电压等级的绝缘子串时，如发现同1串中零值绝缘子片数达到下表中的片数，应立即停止。

（3）带电检测绝缘子应在干燥天气进行。

（4）检测顺序应从导线端开始逐片向横担端进行检测。

（5）应注意检测器靠近导线时的放电声与火花间隙放电声的区别，以免误判。

（6）测量过程中，应确保作业人员与带电体的最小安全距离和配合火花间隙检测装置使用的绝缘杆的有效绝缘长度。

（7）检测过程中，遇有零值绝缘子时应复测2～3次。使用火花间隙检测器时，两金属探针应轻轻接触瓷质绝缘子钢帽和钢脚。作业人员应注意避免测量间隙变形。

表3-1-6　串中允许零值绝缘子片数

电压等级（kV）	63（66）	110	220	330	500
绝缘子串片数	5	7	13	19	28
零值片数	2	3	5	4	6

2. 绝缘电阻测试仪

绝缘诊断是检测电气设备绝缘缺陷或故障的重要手段。绝缘电阻测试仪（兆欧表）是测量绝缘电阻的专用仪表，如图3-1-28所示。

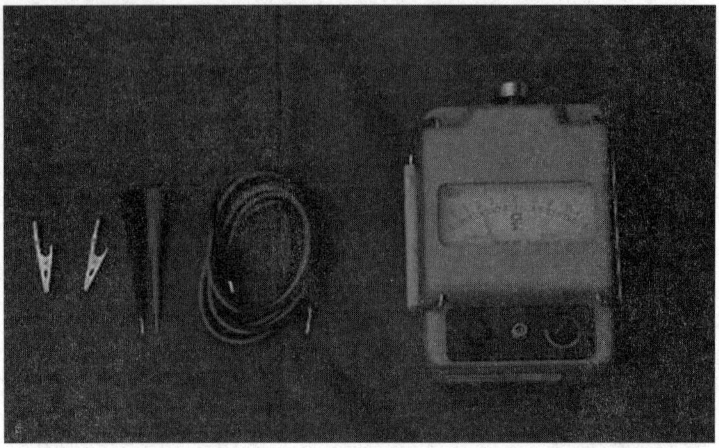

图3-1-28　绝缘电阻测试仪

绝缘电阻测试仪可分为数字式和指针式两种。其使用注意事项如下：

（1）使用前应做开路和短路试验。使L、E两接线柱处在断开状态，摇动兆欧表，指针应指向“∞”；将L和E两个接线柱短接，慢慢地转动，指针应指向“0”处。这两项都满足要求，说明兆欧表是好的。

（2）测量电气设备的绝缘电阻时，必须先切断电源，然后将设备进行放电，以保证人身安全和测量准确。

（3）兆欧表测量时应放在水平位置，并用力按住兆欧表，防止在摇动中晃动，摇动的转速为120转/分钟。

（4）测试线应采用多股软线，且要有良好的绝缘性能，两根测试线切忌绞在一起，以免造成测量数据的不准确。

（5）测量完后应立即对被测物放电，在摇表的摇把未停止转动和被测物未放电前，不可用手去触及被测物的测量部分或拆除导线，以防触电。

3. 钳形电流表

钳形电流表是一种不需断开电路就可直接测量电路交流电流的便携式仪表，在电气检修中使用非常方便，如图3-1-29所示。

钳形电流表按显示方式分有指针式和数字式。

钳形电流表按功能分主要有交流钳形电流表、多用钳形表、谐波数字钳形电流表、泄漏电流钳形表和交直流钳形电流表等几种。

钳形电流表按照测量电压分为高压钳形表和低压钳形表。

钳形电流表根据其结构及用途分为互感器式和电磁系两种。常用的是互感器式钳形电流表，由电流互感器和整流系仪表组成。它只能测量交流电流。电磁系仪表可动部分的偏转与电流的极性无关，因此，它可以交直流两用。其使用注意事项如下：

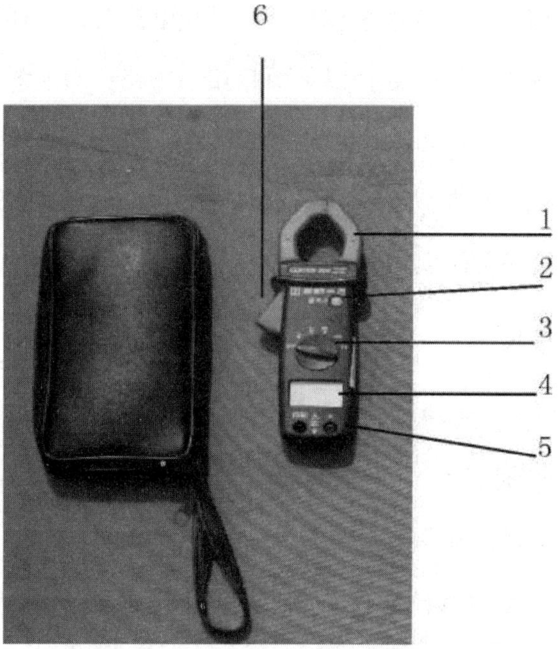

1-卡口；2-资料锁住按钮；3-档位选择；4-数字显示屏；5-接线

图3-1-29 钳形电流表

（1）测量时，应先估计被测电流大小，选择适当量程。若无法估计，可先选较大量程，然后逐档减少，转换到合适的档位。转换量程档位时，必须在不带电情况下或者在钳口张开情况下进行，以免损坏仪表。

（2）测量时，被测导线应尽量放在钳口中部，钳口的结合面如有杂声，应重新开合一次，仍有杂声，应处理结合面，以使读数准确。另外，不可同时钳住两根导线。

（3）用高压钳形表测量时，应由两人操作，测量时应戴绝缘手套，站在绝缘垫上，不得触及其他设备，以防止短路或接地。

（4）测量5A以下电流时，为得到较为准确的读数，在条件许可时，可将导线多绕几圈，放进钳口测量，其实际电流值应为仪表读数除以放进钳口内的导线根数。

（5）测量时应注意身体各部分与带电体保持安全距离，低压系统安全距离为0.1～0.3米。测量高压电缆各相电流时，电缆头线间距离应在300毫米以上，且绝缘良好，具备测量操作条件。观测表计时，要特别注意保持头部与带电部分的安全距离，人体任何部分与带电体的距离不得小于钳形表的整个长度。

（6）测量低压可熔保险器或水平排列低压母线电流时，应在测量前将各相可熔保险或母线用绝缘材料加以保护隔离，以免引起相间短路。当电缆有一相接地时，严禁测量，防止出现因电缆头的绝缘水平低发生对地击穿爆炸而危及人身安全。

（7）每次测量前后，要把调节电流量程的切换开关放在最高档位，以免使用时，因未经选择量程就进行测量而损坏仪表。

4. 风速仪、温湿度仪

风速计，是将流速信号转变为电信号的一种测速仪器，如图3-1-30所示；温湿度仪，是一种用于测量瞬时温度湿度和平均温度湿度的仪器，具有温湿度测量、显示、记录、实时时钟、数据通信和超限报警等功能，如图3-1-31所示。

风速仪按照原理可分为风杯式风速仪、螺旋桨式风速仪、热线风速仪、数字风速仪和声学风速仪。其使用注意事项如下：

（1）将传感器插在显示表上，一手举起传感器，一手操作显示表读数。

（2）人保持姿势不变，转动一定角度，再次测量风速。

（3）重复以上步骤，多测几个点后取最大风速。

（4）在使用中，如遇风速仪散发出异常气味、声音、冒烟，或有液体流入风速仪内部，请立即关机取出电池。否则，将发生被电击、火灾和损坏风速仪的危险。

（5）不要将探头和风速仪本体暴露在雨中。否则，可能有电击、火灾和伤及人身的危险。

（6）不要触摸探头内部传感器部位。

（7）禁止在可燃性气体环境中使用风速仪。

（8）不要摔落或重压风速仪。否则，将导致风速仪出现故障或损坏。

（9）不要在风速仪带电的情况下触摸探头的传感器部位。否则，将影响测量结果或导致风速仪内部电路的损坏。

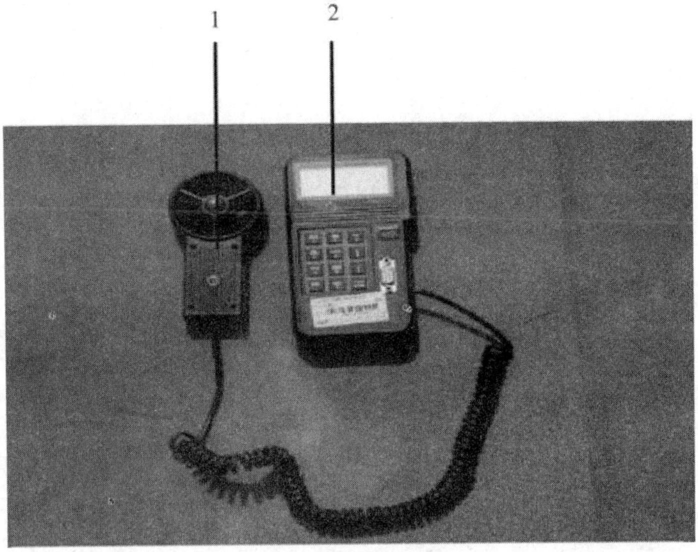

1-传感器；2-显示表

图3-1-30　风速仪

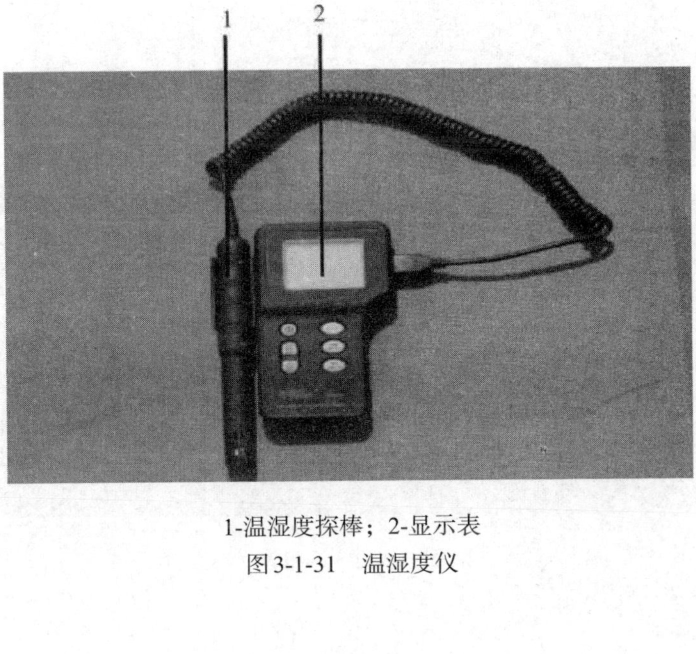

1-温湿度探棒；2-显示表

图3-1-31　温湿度仪

使用温湿度仪的注意事项如下：

（1）将温湿度探棒连接到显示表上，一手举起温湿度探棒，一手操作显示表读数。

（2）在使用中，如遇温湿度仪散发出异常气味、声音或冒烟，或有液体流入温湿度仪内部，请立即关机取出电池。否则，将发生被电击、火灾和损坏温湿度仪的危险。

（3）不要将探头和温湿度仪本体暴露在雨中。否则，可能有电击、火灾和伤及人身的危险。

（4）不要触摸探头内部传感器部位。

（5）不要摔落或重压温湿度仪。否则，将导致温湿度仪出现故障或损坏。

5. 万用表

万用表是一种带有整流器的可以测量交、直流电流、电压及电阻等多种电学参量的磁电式仪表。

万用表按显示方式分有指针式和数字式。数字万用表是目前最常用的一种数字仪表。其主要特点是准确度高、分辨率强、测试功能完善、测量速度快、显示直观、过滤能力强、耗电省，便于携带，已逐步取代传统的模拟式（即指针式）万用表，如图3-1-32所示。其使用注意事项如下：

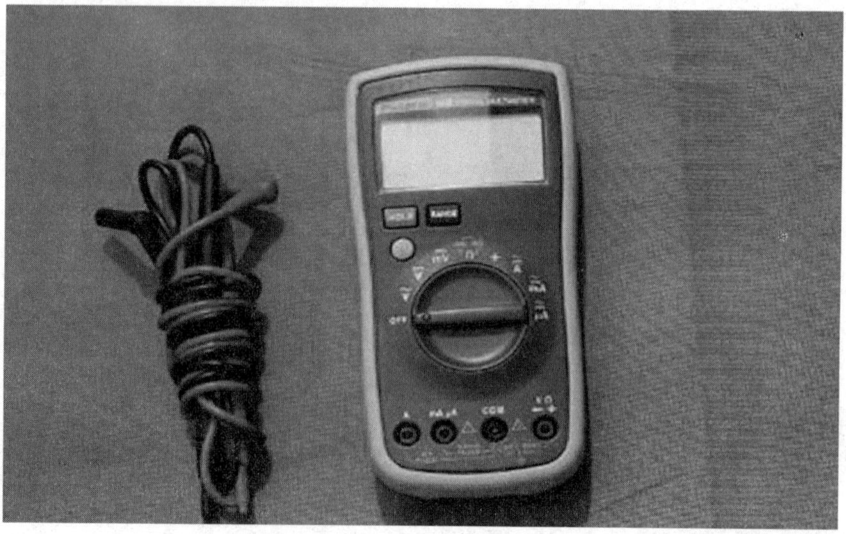

图3-1-32　万用表

（1）在使用万用表之前，应先进行“机械调零”，即在没有被测电量时，使万用表指针指在零电压或零电流的位置上。

（2）在使用万用表过程中，不能用手去接触表笔的金属部分，这样一方面可以保证测量的准确，另一方面也可以保证人身安全。

（3）在测量某一电量时，不能在测量的同时换档，尤其是在测量高电压或大电流时，更应注意。否则，会使万用表毁坏。如需换档，应先断开表笔，换档后再去测量。

（4）万用表在使用时，必须水平放置，以免造成误差。同时，还要注意到避免外界磁场对万用表的影响。

（5）万用表使用完毕，应将转换开关置于交流电压的最大档。如果长期不使用，还应将万用表内部的电池取出来，以免电池腐蚀表内其他器件。

仪器仪表的储存注意事项：

（1）存放保管在通风良好、干燥、清洁的环境内，并上架定置存放；

（2）做好仪器仪表的维护保养工作；

（3）仪器仪表的技术资料及说明书要妥善保管。长期不使用时，请取出内部的电池。否则，电池可能漏液，导致温湿度仪损坏；

（4）不要将仪器仪表放置在高温、高湿、多尘和阳光直射的地方。否则，将导致内部器件损坏或仪器仪表性能变坏。

3.1.5　其他工具

其他工具包括：安全围栏、警示标示牌、红马甲、防潮苫布、个人工具、毛巾。

1. 安全围栏

安全围栏，是为了明确标示作业范围，保证带电作业现场作业人员安全的一种安全护栏，采用玻璃钢纤维制造而成，起安全警示作用。按其结构不同可分为安全围网（锦纶安全警示带）和不锈钢单带式安全围栏，如图3-1-33和图3-1-34所示。

图3-1-33　安全围网和安全警示带

图3-1-34　不锈钢单带式安全围栏

2. 警示标示牌

用来警告人们不得接近设备和带电部分，指示为作业人员准备的工作地点，提醒采取安全措施以及禁止某设备或某段线路合闸通电的通告示牌。可分为警告类、允许类、提示类和禁止类等，如图3-1-35所示，其制作标准应严格执行有关规定。

图3-1-35　警示标示牌

3. **红马甲**

红马甲，是指电力施工作业人员专用反光背心。主要用在全天候的工作过程中，主要体现在户外作业的醒目性和提示性以及自身职位的指示性上面，如图3-1-36所示。

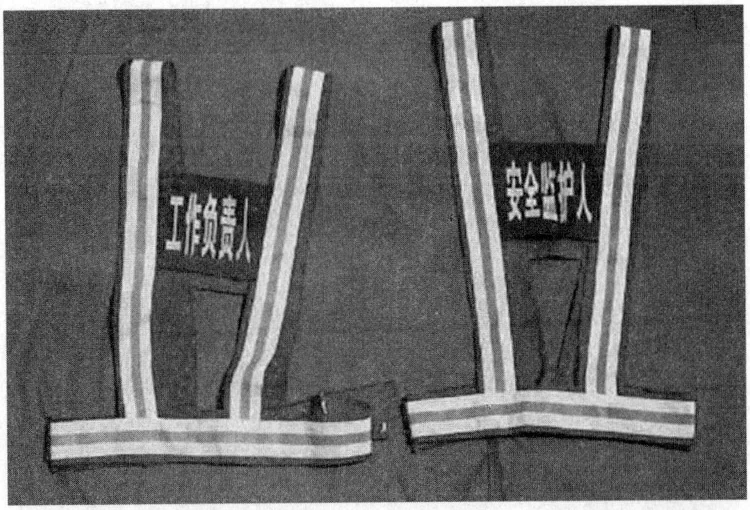

图3-1-36　红马甲

4. 防潮苫布

电力作业过程中为了防止工器具受潮而影响其电气性能，用来摆放工器具的一种苫布，如图3-1-37所示。

图3-1-37　防潮苫布

5. 个人工具、毛巾

个人工具主要有工具包、拔销钳、平口钳、尖嘴钳、平口改刀、活络扳手、手套等，如图3-1-38所示。毛巾为棉质，主要用于擦拭绝缘子、绝缘操作杆、绝缘拉板等。如图3-1-39所示。

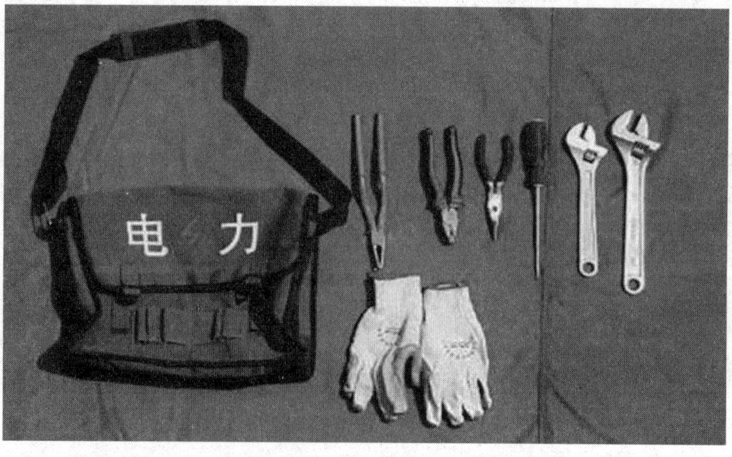

图3-1-38　个人工具

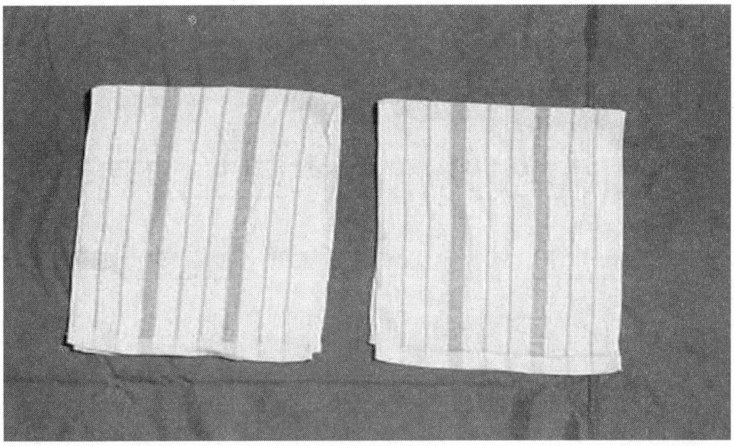

图3-1-39　毛巾

其他工具的储存注意事项：

（1）存放保管在通风良好、干燥、清洁的环境内，并上架定置存放；

（2）有破损时，应及时更换。

3.2 220kV线路带电作业工器具及其使用

220kV线路带电作业工器具种类与前述110kV线路带电作业工器具一致，按照其用途分为个人防护用具、金属工具、绝缘工具、仪器仪表、其他工具（安全围栏、警示标示牌、红马甲、防潮苫布、个人工具、毛巾）等。两个电压等级的带电作业工器具在材质、结构、功能特点、使用及注意事项、储存方式等方面基本一致，具体详见上一节3.1，不再赘述；主要的区别在于，220kV带电作业工器具的有效绝缘长度更大、荷载能力更强、组合间隙更大、具体尺寸有所差异，比如：

220kV绝缘操作杆最短有效绝缘长度2.1 m，端部金属接头长度≤0.10 m，手持部分长度≥0.90 m，整体长度为6 m，如图3-2-1所示。

220kV绝缘拉板最短有效绝缘长度1.8 m，固定部分长度0.2 m，支杆活动部分长度0.6 m，如图3-2-2所示。

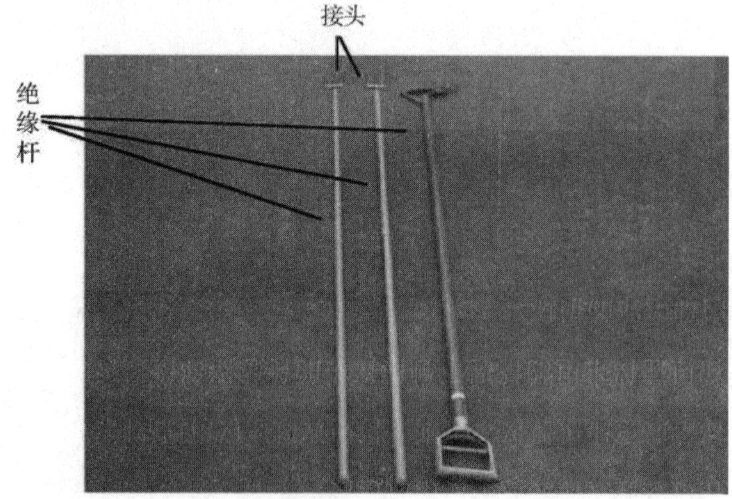

图3-2-1　绝缘操作杆

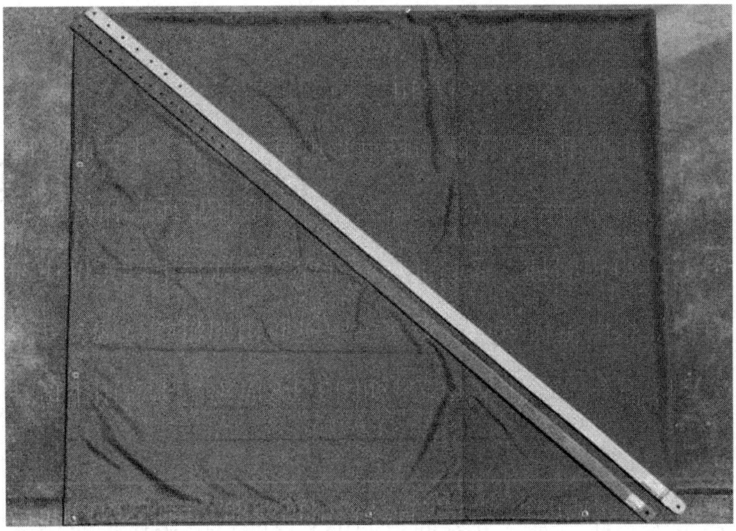

图3-2-2　绝缘拉板

3.3 500kV线路带电作业工器具及其使用

500kV线路带电作业工器具种类与前述110kV线路带电作业工器具一致，按照其用途也分为个人防护用具、金属工具、绝缘工具、仪器仪表、其他工具（安全围栏、警示标示牌、红马甲、防潮苫布、个人工具、毛巾）等；其在材质、结构、功能特点、使用及注意事项、储存方式等方面与110kV线路带电作业工器具基本一致，具体详见本章第一节3.1，不再赘述。但500kV带电作业工器具的有效绝缘长度更大、荷载能力更强、组合间隙更大、具体尺寸有所差异，一般的带电作业工器具难以适应现场工作的要求，需要专门设计和加工制造。500kV线路带电作业工器具按工作性质和内容也可分为以下几类：进入电场类，主要工器具有绝缘小座梯（座椅、吊篮）、绝缘软梯、绝缘挂梯、绝缘平梯、独脚梯、电位转移杆、绝缘绳索等；更换绝缘子类，主要有牵引装置（包括液压或丝杆紧线器、绝缘滑车和轻型机动绞磨）、绝缘承力拉板（杆）、托瓶架等；绝缘子检测类，主要有火花间隙、定性自爬式绝缘子检测器、定量自爬式绝缘子检测仪、杆上检测地面打印定量绝缘子检测仪、绝缘子检测绝缘电阻表（不带电）；个人防护类，主要有屏蔽服、静电防护服、导电鞋、导电眼镜等；绝缘子清扫类，主要有绝缘子清扫刷、水冲洗设备等；其他工具，主要有操作杆、飞车、拔销器、勾瓶杆、跟斗滑车、推拉器、导线保险钩、射绳枪、对讲机、带电作业工程车等，下面主要就前面章节尚未介绍的工器具做简要说明。

3.3.1 进入电场的工器具

进入电场进行带电作业的工具，主要包括：绝缘小座梯（座椅、吊篮）、软梯、挂梯、平梯、独脚梯、电位转移杆、绝缘绳索。

1. 绝缘小座梯（座椅、吊篮）

绝缘小座梯是目前进入电场的一种轻便装置，座椅和吊篮与之功能相同。但较其轻便程度和尺寸方面，绝缘小座梯较好，目前使用较多。等电位电工坐登在绝缘小座梯的中间较宽横梁上，由固定在横担上的绝缘滑车，通过绝缘绳将其放至导线处，或将其脱离导线退出电场。

绝缘小座梯长（高）1.2m、宽0.5m，由环氧绝缘材料制成，也可不用绝缘材料，具有体积小、重量轻、易携带等特点。等电位电工利用它在进入和退出电场时，不需自身攀爬绝缘软梯，可大大减少等电位电工的劳动强度。如图3-3-1所示。

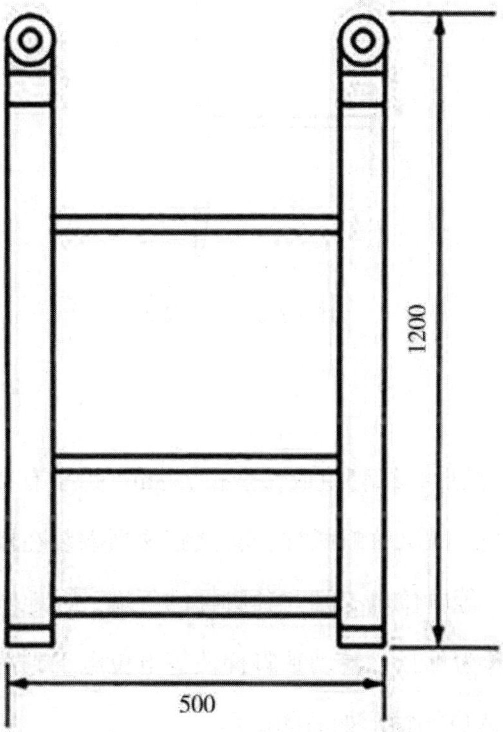

图3-3-1　绝缘小座梯

2. 绝缘挂梯

绝缘挂梯的材料是用3640的空芯圆管制成的。在更换直线绝缘子时，将其挂在靠横担侧组装的滑杆上，利用此梯顶端安装的挂钩和滑轮，沿滑杆滑至导线侧，以进入电场。如图3-3-2所示。

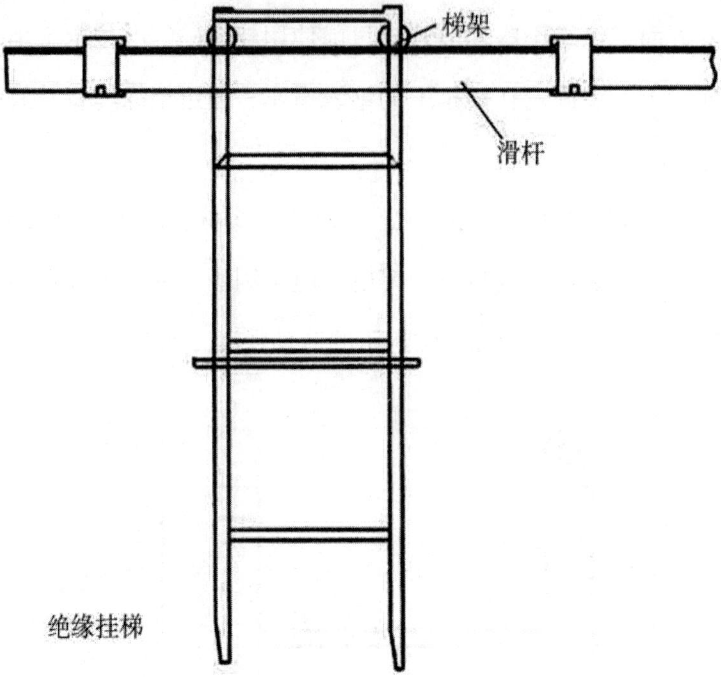

图3-3-2　绝缘挂梯

3. 独脚梯

独脚梯可由2~3节圆形绝缘管组成，全长7~8m。由于有些独脚梯下面安装多对踏脚钉，其整体形似蜈蚣，故又称蜈蚣梯。将独脚梯顶端装在横担的绝缘子串挂点附近或横担与塔身相连处，等电位电工站在独脚梯的下端，在地电位电工配合下，以独脚梯顶端为圆心，以梯长为半径，转动独脚梯使等电位电工到达导线侧进入电场。其外形如图3-3-3所示，进入电场情形如右图所示。

4. 电位转移杆

等电位电工在进入或退出电场时，有一个电位转移过程，电位转移杆就是实现电位转移用的。其结构如图3-3-4所示。

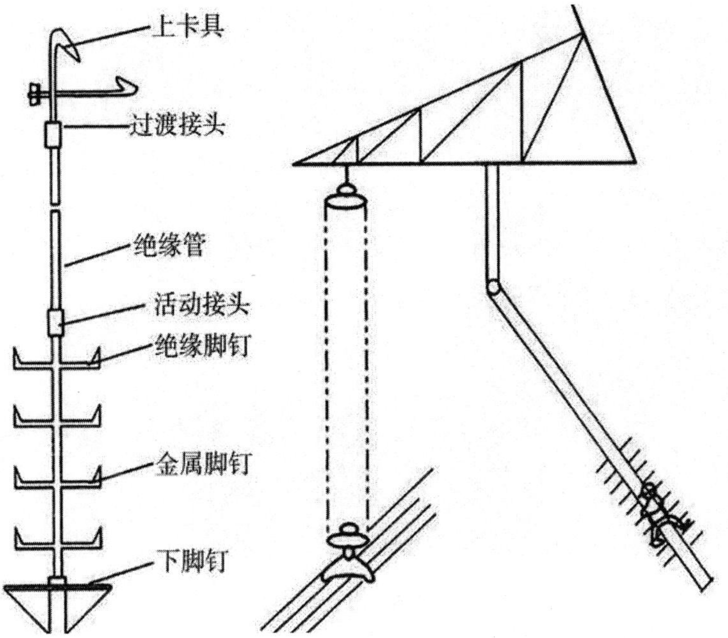

图3-3-3　独脚梯及其带电作业进入电场示意图

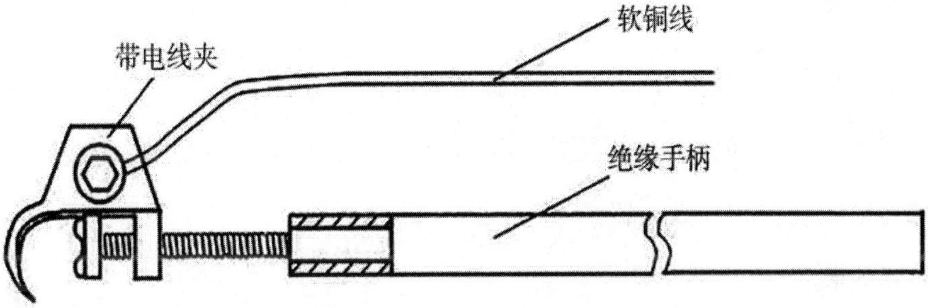

图3-3-4　电位转移杆结构图

使用电位转移杆时，要特别注意软铜线尽量短，不要太长，防止因缩短绝缘组合间隙造成事故。如果屏蔽服质量可靠，也可用戴屏蔽服手套的手直接完成电位转移。但在750kV电压等级以上时，必须使用电位转移杆作业。图3-3-5为电位转移杆实物图。

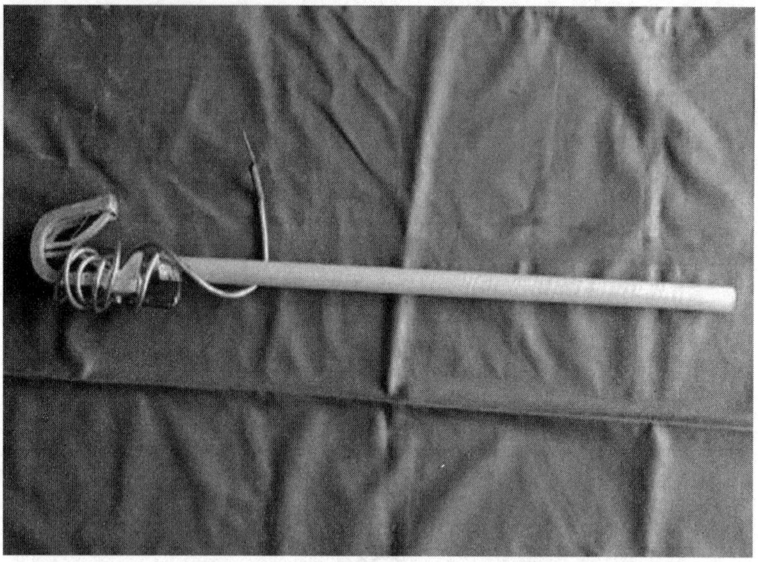

图3-3-5　电位转移杆

3.3.2　更换绝缘子类工器具

1. 牵引装置

在更换线路上的绝缘子时，牵引装置主要起两个作用，一是收紧导线，使绝缘子串松弛，以便直接更换；二是将更换的绝缘子串放至地面或传至塔上横担处再进行更换。可分为紧线装置和提升装置。

（1）紧线装置

紧线装置又称紧线器，它分丝杆紧线器和液压紧线器两种。单行程丝杆紧线器如图3-3-6（a）所示，主要用来更换直线塔整串绝缘子，具体而言，将其与绝缘承力拉板（杆）相连，固定在横担上，利用绝缘承力拉板（杆）另一端的金属卡具或导线钩与连板或导线相连来收紧导线，使绝缘子串松弛。双行程丝杆紧线器如图3-3-6（b）所示。它主要用来更换耐张整串绝缘子、耐张单片绝缘子或直线单片绝缘子。当它与卡具和绝缘承力拉板（杆）组装在一起时，可用来更换耐张整串绝缘子。如与闭式卡具组装在一起，可用于更换耐张单片绝缘子或直线单片绝缘子。为减轻劳动强度，丝杆的手柄通常被设计得较长，最长达400mm；或将丝杆的螺旋角度适当改小，并加装了轴承，从而有效节省劳动力，也称为省力丝杆或轴承丝杆。为了进一步省力，目前已出现了液压紧线器。

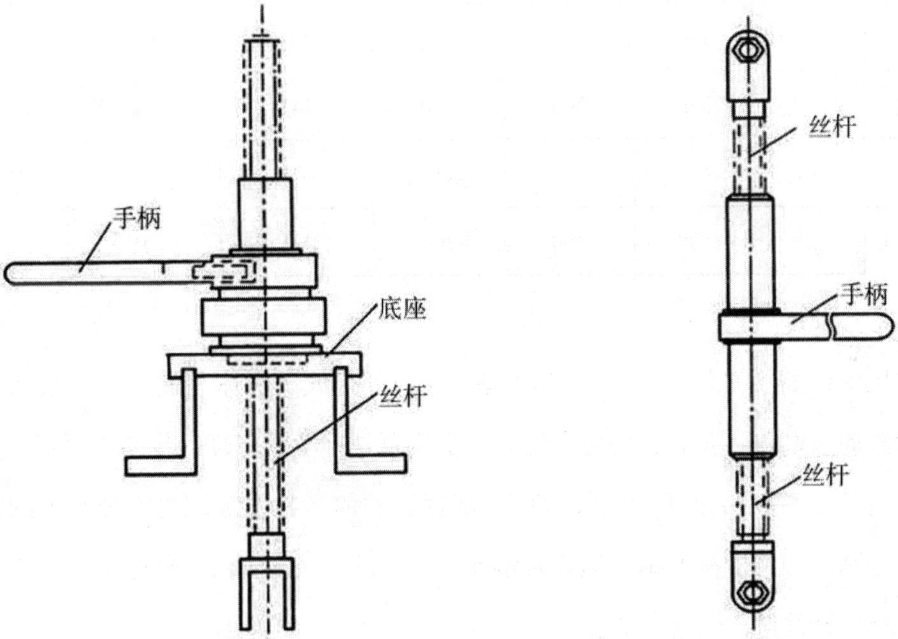

（a）单行程丝杆紧线器　（b）双行程丝杆紧线器

图3-3-6　丝杆紧线器

500kV带电作业常用的液压紧线器外形如图3-3-7所示，YJX系列的技术参数见表3-3-1。

图3-3-7　500kV液压紧线器

表 3-3-1　液压紧线器技术参数

型号	紧线力	工作行程（mm）			工作压力（1×10^5Pa）	储油量(L)	重量(kg)
		总行程	液压行程	丝杆行程			
YJX-3	3	130	130	—	294	0.23	4.2
YJX-5	5	300	200	100	441	0.75	9.8
YJX-10	10	400	250	150	441	1.35	11
YJX-15	15	500	300	200	441	2.05	14

液压紧线器由缸体、手压泵和活塞杆三部分组成。缸体是储油和连接后叉的部件，由缸筒、端盖、胶囊、外筒等组成。手压泵是推动活塞杆工作的主要部件，由壳件、柱塞筒、手柄、缸压活门等组成。活塞杆的前叉与固定在电力金具上的卡具相连，通过高压油产生拉力矩，达到收紧导线的目的。液压紧线器的金属件大都选用高强度的铝合金材料，以减轻重量。

液压紧线器可用于代替丝杆紧线器，操作人员操作时用力较小，能有效地减轻劳动强度；但目前液压紧线器的最大缺点是容易出现漏油，因此在使用时要注意。

（2）提升装置

提升装置，指的是手动或机动绞磨，如图3-3-8所示，主要用于提升500kV及以上整串绝缘子。目前在带电更换500kV绝缘子串所使用的机动绞磨，主要有FM型和仿制国外的QTJ-250、750型两种。这两种轻型机动绞磨都是由汽轮机作动力，通过离合器、变速器将高速小扭动力传给绝缘绞磨芯，以输出低转速大扭矩动力，配以绝缘传递绳起吊重物。带电作业用机动绞磨的特点是可直接装在工作点的物体上（如杆塔），并可根据需要拆散和临时组装，轻便易用。

2. 托瓶架

由于500kV绝缘子串长且重，为了减轻挠度，增大刚性，托瓶架的两侧主材大都选用椭圆形空心管或矩形绝缘板，主材用多根弧形板连接，再在弧形板上固定2～3根绝缘管，以利于绝缘子串在托瓶架内的滑动。

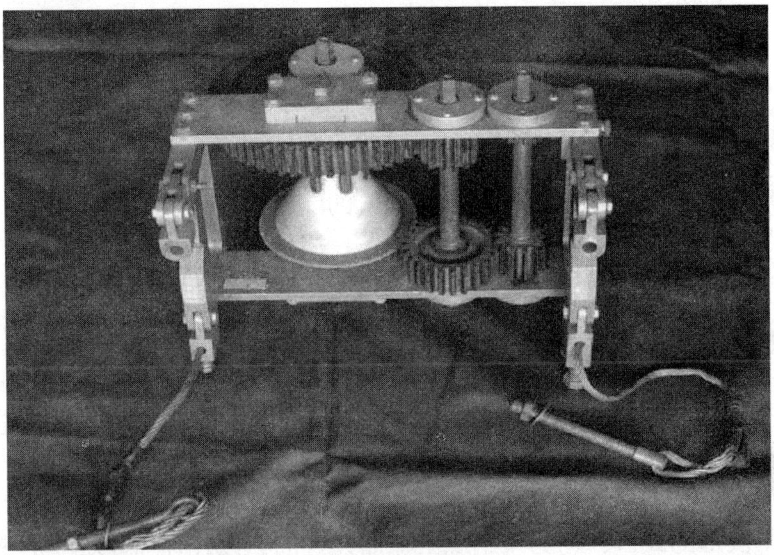

（a）手动绞磨

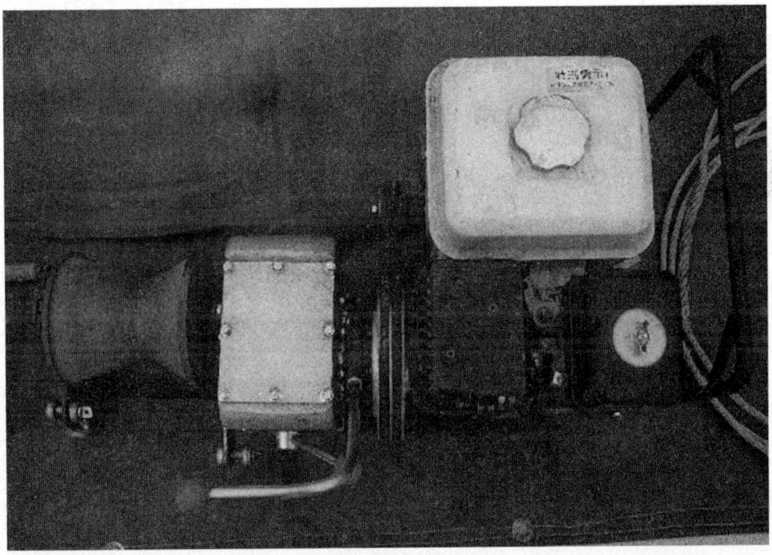

（b）机动绞磨

图3-3-8　手动绞磨和机动绞磨

500kV托瓶架与220kV托瓶架的结构是一样的，仅长度与尺寸有所不同。托瓶架外形图参见图3-1-25。托瓶架适用于直线绝缘子串更换，在其端头系滑车，当绝缘子串脱离后，可由横担上人员将其拉至横担侧进行更换。作业人员劳动强度较小；如在耐张绝缘子串更换时，靠人力拽动绝缘子串较困难；因尺寸较大导致运输、保管等不便。后又研制出双层双段托瓶架，较好地解决了原托瓶架用在500kV耐张设备上所存在的缺陷，其特点如下：

（1）双段分开，解决托瓶架长不便运输的问题。

（2）双层，解决长串绝缘子将托瓶架压弯的问题。

（3）托瓶架上装有多个滚动绝缘构件。

3. 托瓶板（插板）

托瓶板（插板）是专门为更换直线单片绝缘子而设计的，如图3-3-9所示。它具有结构简单，制作方便等特点，使用单位均可自行制作。托瓶板一端的两只U形环和另一端叉板有半圆形的缺口，均为系绝缘吊绳而设计的，以托住需要更换的下部绝缘子。

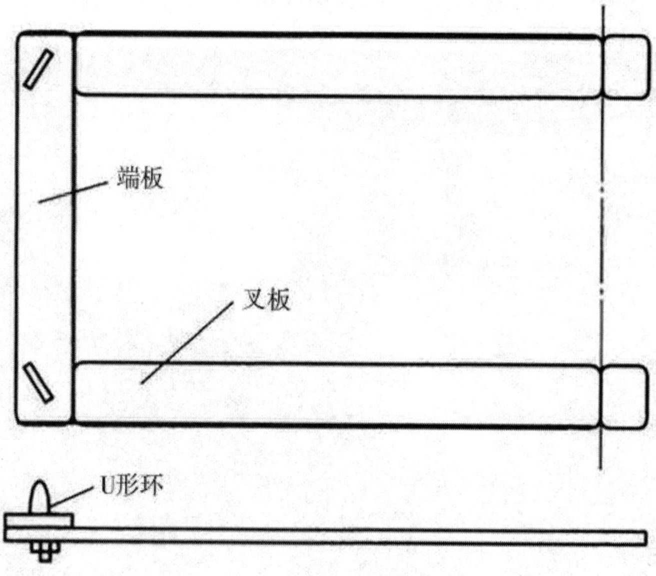

图3-3-9　托瓶板（插板）

4. 直线四钩卡

500kV线路中导线多为四分裂导线，在带电更换直线绝缘子串（单片绝缘子）

时，常常用到直线四钩卡，如图3-3-10所示。

直线四钩卡一般用铝合金制成，与绝缘拉杆（或拉板）、紧线丝杠组合成整套提线工具。它具有4个朝上的钩口，使用时正好对应承托四分裂导线的4根子导线。

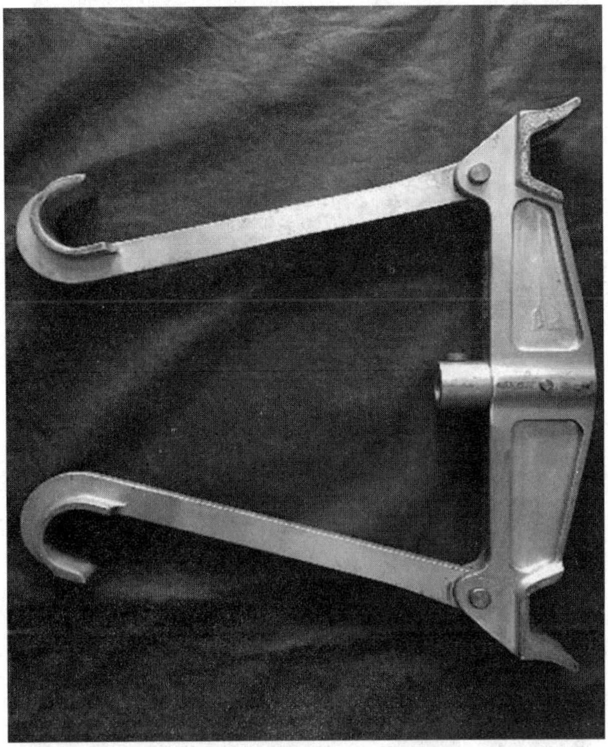

图3-3-10　直线四钩卡

5. R销专用拔销器

500kV线路更换绝缘子时，一般使用拔销钳来摘取或安装绝缘子弹簧销。为了更方便地摘取和安装绝缘子R弹簧销，有人研制了一种500kV带电R销取销器，用铝合金制成。它没有工作钳，结构简单、便于携带，其尾端有精心设计的凹槽。它巧妙地利用了杠杆原理，使用其头部尖端可以方便摘取R弹簧销，尾部凹槽则可以在安装弹簧销时起到增大接触面、省力的作用，如图3-3-11所示。

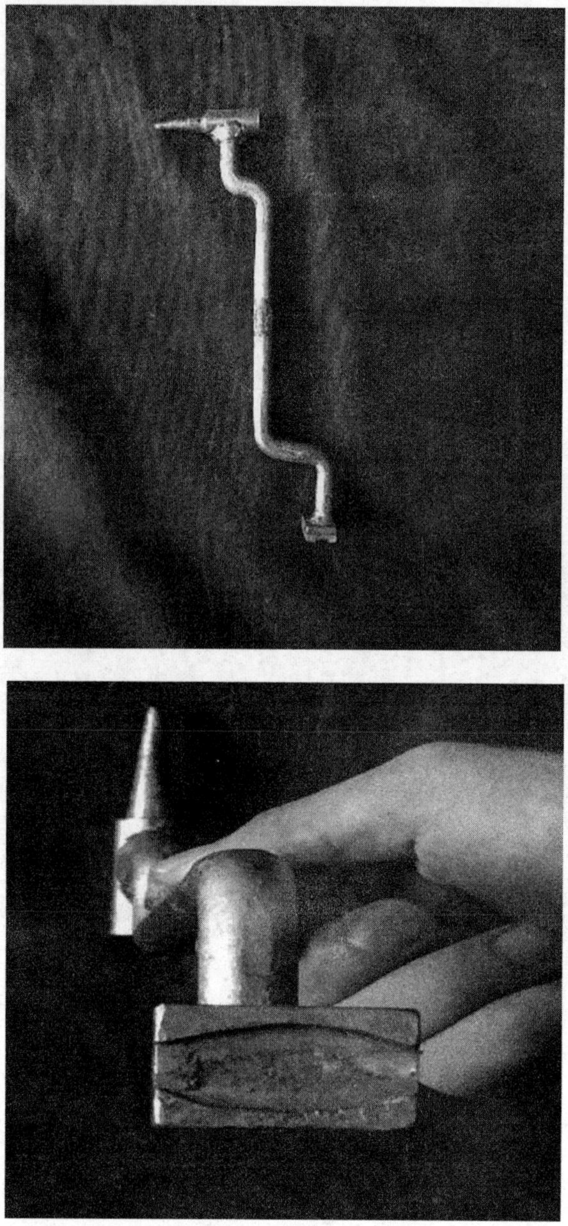

图3-3-11　R销专用拔销钳

3.3.3　绝缘子检测类工器具

绝缘子检测类工器具，按照工作原理可分为定性式零值绝缘子检测装置和定量式绝缘子分布电压检测装置。定性式零值绝缘子检测装置主要有火花间隙检测装置（分固定式和可变式两种）、自爬式零值绝缘子检出器；定量式绝缘子分布电压检测装置主要有静电式绝缘子检测仪、绝缘子分布电压自动检测仪、绝缘子分布电压地面打印检测仪等。

1. 自爬式零值绝缘子检出器

目前使用的有ZP-I型零值绝缘子检出器，主要用于耐张绝缘子串；ZZ-I型零值绝缘子检出器，主要用于直线绝缘子串。

2. 静电式绝缘子检测仪

静电式绝缘子检测仪，是利用高压电容分压器的静电电压表，从运行绝缘子上引下电压，经高压电容分压器分压，利用静电电压表测量原理来测量相应的电压值。此检测仪的量程分为：0 ~ 10kV、0 ~ 25kV两档。精度2.5级，主电容分压器的电容量小于8pF。仪器能耐受45kV工频电压5min通过。

此仪器与火花间隙检测装置一样，操作时需较长的绝缘操作杆，故在500kV设备上使用受到限制。

3.3.4　绝缘子清扫类工器具

1. 绝缘子带电清扫刷

清扫刷由清扫刷头、绝缘清扫杆和动力旋转部分组成。既可以对输电线路绝缘子串清扫，又可以对变电绝缘设备清扫，如图3-3-12所示。

清扫刷一般由塑料或棕毛制作，配绝缘杆。动力旋转部分可由电机或气泵构成。

2. 绝缘子带电水冲洗设备

冲洗设备由水泵、水枪和引水管三部分组成。冲洗分小水冲、中水冲和大水冲。小水冲是水枪喷嘴直径为3mm及以下的水冲洗方式，主要适用于输电线路绝缘子串带电清洗；中水冲是水枪喷嘴直径为4~8mm之间的水冲洗方式，主要适用于输变电绝缘设备带电清洗；大水冲是水枪喷嘴直径为9mm以上的水冲洗方式，主要适用于变电绝缘设备带电清洗，如图3-3-13所示。

图3-3-12　带电清扫刷

图3-3-13　绝缘子带电水冲洗

目前最新的是直升机带电水冲洗，如图3-3-14所示。2008年，华北电网率先引进国外先进设备，成功地在500kV超高压输电线路上进行带电水冲洗绝缘子串，解决了崇山峻岭上超高压输电线路绝缘子串清扫困难的问题。

图3-3-14 直升机带电水冲洗

参考文献

[1] 电力行业职业技能鉴定中心. 11-045 职业技能鉴定指导书 高压线路带电检修. 北京：中国电力出版社，2009年.

[2] 汤晓青. 输电线路施工实训教程. 北京：中国电力出版社，2009年.

[3] 国家电网公司人力资源部. 输电线路带电作业. 北京：中国电力出版社，2010年.

[4] 杨力. 架空输配电线路施工. 北京：中国水利水电出版社，2013年.

[5] 崔鸿斌. 220kV直线双回线路带电更换绝缘子方法的研究和应用[C]. 2011年供电企业带电作业技术研讨会. 中国电力企业联合会，2011年8月1日 ：63-68.

[6] 杨勇. 带电更换110kV ~ 220kV直线双串绝缘子的方法[J]. 云南电力技术. 2006年2月，第34卷：45-46.

[7] 王密，凌志勇，张尧. 地电位更换220kV输电线路单串直线绝缘子新工具研制[J]. 国网湖南省电力公司株洲供电分公司. 广东科技2013.12. 第24期：101-102，58.

Chapter 1

Basic Theory on Live Working of Power Transmission Lines

Live working refers to the operation and maintenance work carried out safely by the operators on the live transmission and distribution lines and electrical equipment in accordance with standardized operation procedures, using special tools with insulation performance and mechanical strength that meet certain requirements.

The live working is a special operation mode without power failure, and it is work at heights in the strong electromagnetic field. Therefore, operating conditions must be restricted. The proper operation method shall be selected according to the operating conditions, and the tools and appliances shall be selected according to the voltage class, geometric size and mechanical load of the operation object, and the complete technical measures and safety measures ensuring the safety shall be compiled and strictly implemented, so as to prevent the high voltage and strong electromagnetic field from causing injury to the operation personnel and ensure the high unity of safety, quality and efficiency. The operators must go through professional training, pass the examination, and work after being approved by the production unit.

1.1 Basic Methods and Principles of Live Working of Power Transmission Lines

With the development of live working technology, a relatively mature live working method system has been formed. According to the relative position of the operator and the electrified body, there is a direct operation method and an indirect one. According to the potential of the operators, there is a ground potential operation method, intermediate potential operation method and equipotential operation method.

The overhead power transmission line is in the open atmospheric environment, coupled with the difference of voltage class and specific structure, and the purpose and conditions of single live working are always different, so it is very important to choose a reasonable live working method for each live working.After the live working method is confirmed, for completing the work task of live working successfully, it also needs to confirm the specific operation technology, clarify standard operation procedure, select machines and tools, and prepare technical measures and safety measures for guaranteeing the safety according to the operation conditions and the requirements of relevant regulations and specifications. Mastering a certain relevant knowledge of insulating materials is the prerequisite and condition of doing the above-mentioned work well.

1.1.1 Electrical Characteristics of Insulating Materials

The insulating materials related to live working of power transmission lines mainly include air, insulating plate and pipe, plastic film, rubber, insulation paint, water and so on, which can be divided into gas, solid and liquid insulating materials. The performance of insulating materials is directly related to the safety of live working.

At the external electric field, the insulating materials bear a certain voltage due to the potential difference, and there is only minimal leakage current flowing through the surface and interior thereof, which can be thought that it is not conductive. When the electric field intensity of the insulating materials is too high, the bearing voltage exceeds the limit value or the effective insulation length is not enough, the insulating materials will lose the insulation performance due to electric breakdown, and the personal safety of the operators will be endangered as the large current flows in the body. So, it must focus on analyzing electrical characteristics of the insulating materials. In the process of analyzing the electrical characteristics, the insulating materials are also called dielectrics.

1. Dielectric Polarization

The common method to analyze the electrical characteristics of dielectric is to place it between two electrodes, apply electric field, and analyze its electrical characteristics by detecting the change rule of its electrical parameters.

Under the effect of applied electric field, displacement of the original positive and negative charges neutralized with each other in the dielectrics occur to form the electric moment. Constraint load occurs on the medium surface to result in electric capacity increase of the pole plate due to the increase of absorption charge. The ratio of the electric capacity when a dielectric is placed between the pole plates to the electric capacity when the pole plates are in vacuum is called the relative dielectric constant of the dielectric, which indicates the degree of the polarization of the dielectric under the action of an electric field, as shown in Equation (1-1-1):

$$\varepsilon_r = \frac{\varepsilon}{\varepsilon_0} = \frac{C}{C_0} \tag{1-1-1}$$

Where: ε_r——relative dielectric constant of the dielectric;

ε——dielectric constant of the dielectric;

ε_0——dielectric constant of vacuum;

C——electric capacity when the dielectric is placed between the pole plates;

C_0——electric capacity of a pole plate in vacuum.

The types of dielectrics are different, as well as the relative dielectric constants, as shown in Table 1-1-1.

Table 1–1–1 Relative Dielectric Constants of All Kinds of Dielectrics

Dielectric type		ε_r	Description
Gas dielectric		1	In engineering applications, the relative dielectric constant of the gas dielectric is 1
Liquid dielectric	Neutral liquid dielectric	1.8-2.8	Temperature coefficient is negative
	Polar liquid dielectric	3-80	Generally, the relative dielectric constant as the insulating media is 3-6, due to large loss in the alternating electric field, it is rarely used in the high-voltage insulation, and it is related to the temperature and power supply frequency
Solid dielectric	Neutral and weakly polar solid dielectric	2.0-2.7	Relative dielectric constant is reduced a little along with the temperature rise
	Polar solid dielectric	3-6	The relationship with temperature and frequency is similar to that of polar liquid dielectric
	Ionic dielectric	5-8	Coefficient temperature is positive

(1) Form classification of dielectric polarization

The elastic displacement of bound charge and the turning of polar molecules in dielectric under electric field are called polarization of dielectric. The common polarization forms are electron displacement polarization, ion displacement polarization, dipole polarization, interlayer interface polarization, space charge polarization and so on.

By comparison, all kinds of dielectric polarization forms have the following characteristics: electron displacement polarization, existing in all substances, shown as relative displacement of electron and atomic nucleus, with very short polarization time, unrelated to the frequency, without energy loss, reduced a little in case of temperature rise; ion displacement polarization, existing in the ionic inorganic matters, shown as relative displacement of positive and negative ions, with very short polarization time, unrelated to the frequency, with slight energy loss, raised a little in case of temperature rise; dipole turning polarization, existing in the polar covalent compound, shown as molecule turning, with long polarization time, reduced in case of frequency increase, with large energy loss, increased and reduced orderly in case of temperature rise; interlayer polarization, existing in the multi-layer media, shown as interlayer interface accumulation charge, with very long polarization time, only existing at low frequency, with large energy loss; space charge polarization, existing in the media containing free ions, shown as ion-electrode aggregation, with very long polarization time, only existing at low frequency, with large energy loss.

(2) Meaning of dielectric polarization in the practical engineering

① Selection of insulating material

Container——large dielectric constant——increase electric capacity;

Cable——small dielectric constant——reduce capacitive current;

Sleeve——small dielectric constant——improve flashover voltage along the surface.

② Rational coordination of multiple media

At the AC and impulse voltage, the electric field intensity in the series medium is inversely proportional to the dielectric constant.

③ Dielectric loss is related to the type of dielectric polarization

Turning polarization will generate large energy loss to make the media heating, so as to cause aging, degradation, and even thermal breakdown.

④ Insulation moisture situation can be judged by means of interlayer polarization in the insulation preventive test.

Accumulating time of the interlayer polarization charge is very long (depending on the conductivity), and it often increases the conductivity and reduces the time after the media are affected with damp.

2. Conductivity of Dielectrics

Conductivity of dielectrics means the phenomenon that the charged particles in the dielectrics perform directed movement to form current under the effect of electric field. It is essentially different from the conductivity of metal conductors: dielectric conductivity is ionic and metal conductivity is electronic; the dielectric conductivity is very small and the metal conductivity is very large. The temperature coefficient of dielectric conductivity is positive and that of metal conductivity is negative. The composition and characteristics of the conductivity of gas, liquid and solid dielectrics are inconsistent.

(1) Solid dielectric

Conductivity of solid dielectrics is divided into volume conductivity and surface conductivity. The main factor forming conductivity of solid dielectrics is conductivity of ion.

The conductivity of nonpolar and weakly polar solid dielectrics is mainly caused by impurity ions. For dipolar solid dielectrics, the conductivity is caused by itself and impurity ions because of the dissociation of its own molecules. For the ionic dielectrics, the intensity of conductivity is related to the own nature of the ion. Surface conductivity of the solid dielectrics is mainly caused by the moisture and dirt absorbed on the surface, and the conductivity is very low when the medium surface is dry and clean. The medium's ability of absorbing the moisture is related to its own structure, and it can be divided into hydrophilic medium and hydrophobic medium. The insulation resistance of the medium is the parallel value of both the volume resistance and the surface resistance, as shown in Equation (1-1-2):

$$R=\frac{R_V R_S}{R_V+R_S} \tag{1-1-2}$$

Where: R_V——volume leakage resistance;

R_S——surface leakage resistance.

(2) Liquid dielectric

There are two main factors forming conductivity of liquid dielectrics: ionic conductivity and electrophoresis conductivity. The ionic conductivity is caused by the own molecule of the liquid or the ion dissociated from the molecule of the impurities. The electrophoresis conductivity is caused by charged colloidal particles.

(3) Gas dielectric

Fig. 1-1-1 shows schematic diagram of conductivity experiment of gas dielectrics and voltage current characteristic curve thereof. See "gas discharge" for detailed analysis.

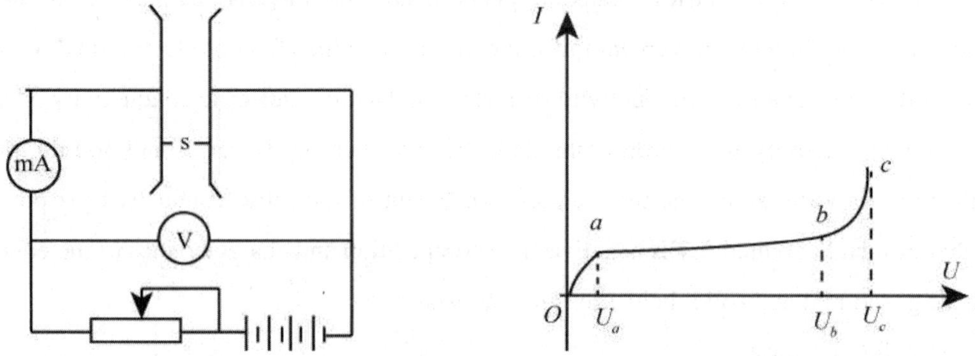

Fig. 1-1-1 Conductivity Experiment of Gas Dielectrics and Voltage Current Characteristic Curve

3. Gas Discharge

In the live working process of the line, the operators often work near the wire and other electrified bodies, even directly touch with the electrified body, and its working environment is the strong electric field mainly insulated by the air. For guaranteeing the personal safety, the minimum safe distance, complex gap and the like of the live working have been specified specifically in the relevant regulations and specifications according to the difference of the voltage classes, so as to prevent harmful air discharge to the operators.

Gas discharge is called by a joint name of various kinds of circulation current forms in the gas. The gas discharge process is as shown in Fig. 1-1-2.

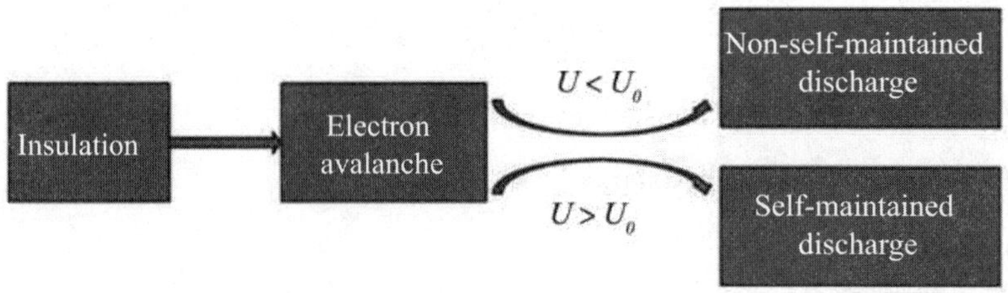

Fig. 1-1-2 Gas Discharge Process

Electron avalanche refers to the collision and ionization of electrons moving from cathode to anode, which makes the number of electrons increase geometrically, such as the avalanche growth. Non-self-maintained discharge means that gas discharge shall be maintained by external ionization. Self-maintained discharge means that gas discharge only depends on external voltage, and U_0 is the starting voltage of self-maintained discharge. Discharge characteristics of gas gap are related to voltage action time, uniformity coefficient of electric field, discharge along dielectric surface or not, gas density and humidity, altitude and other factors. The shorter the voltage duration is, the higher the breakdown voltage of the gas gap is; in the non-uniform electric field, the higher the degree of non-uniformity of electric field is, with the decrease of the average breakdown field, the more obvious the polarity effect exists in the gas gap is, and the breakdown voltage will decrease. The discharge voltage along the surface is much lower than that in the pure air gap. The discharge voltage of the gas gap is directly affected by the gas density, humidity and altitude. In the actual power production, as the voltage acting time, air density and humidity, and altitude belong to nonadjustable factors, the discharge characteristics of the gas are often improved by adjusting the electric field (using grading ring or shielding ring) or improving the electrical insulation performance of the insulator.

The relation between the voltage and the current can be obtained by measuring the intensity of the current flowing through the gas in the electric field, so as to reflect the gas discharge characteristics, as shown in Fig. 1-1-3 and Fig. 1-1-4.

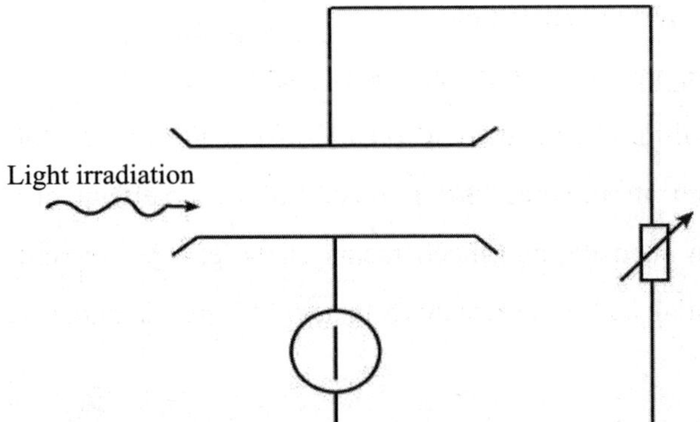

Fig. 1-1-3 Schematic Diagram of Current Circuit in the Measured Gas

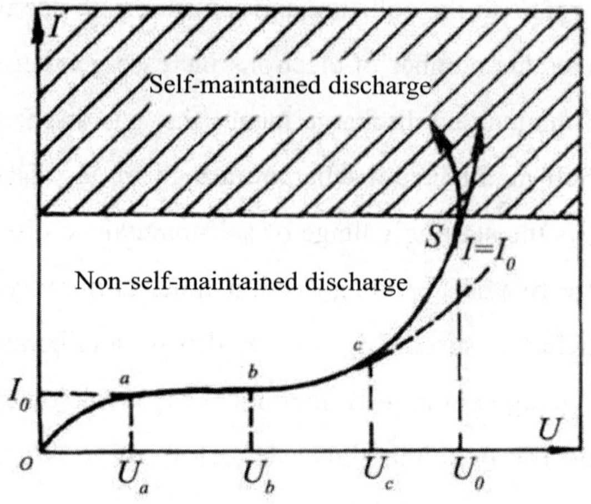

Fig. 1-1-4 Relationship between Current and Voltage in Gases

The gas discharge can be divided into two stages, i.e. non-self-maintained discharge and self-maintained discharge. Non-self-maintained discharge refers to the discharge that stops immediately after removing the effect of external ionization factors. Self-maintained discharge is discharge maintained only by an electric field. As shown in Fig. 1-1-4, for the non-self-maintained discharge process, when the external voltage is less than U_0, the current value in the gap is very small, and the gap has not been broken down; for the self-maintained discharge process, when the voltage reaches U_0, strong ionization occurs in the gas, and the current surges (shown as glow discharge, spark discharge or arc discharge); discharge development process is reflected from U_b to U_0; U_0 is starting voltage, and it is also called breakdown voltage in the uniform electric field.

(1) Air breakdown process of uniform electric field

The process of uniform electric field breakdown is the process of sustained development of all kinds of ionization. Under different conditions, the effects of various kinds of ionization are different in intensity, and mechanisms of the gas gap breakdown are also different. The most influential factors are relative density of the air and distance between electrodes.

① Influence of atmospheric conditions on gas gap discharge voltage

When the gas gap discharge voltage is estimated, the influence of change of atmospheric condition of the line path shall be considered. The measured voltage value under the non-standard atmospheric condition shall be converted to the voltage value under the standard atmospheric condition.

Standard atmospheric conditions refer to atmospheric pressure p_0=101.3kPa, temperature t_0=20°C, and absolute humidity h_0=11g/m^3.

② Influence of air density on discharge voltage

With the increase of altitude, the atmospheric pressure is reduced, the relative air density is reduced, electronic mean free travel is increased, ionization process is enhanced, and discharge voltage is reduced.

For the air gap discharge voltage of uniform electric field, the empirical formula is as follows

$$U_b = 24.22\delta d + 6.08\sqrt{\delta d} \tag{1-1-3}$$

Where: d——air gap;

δ——air density.

Computational formula of slightly nonuniform air gap discharge voltage is as follows

$$U_b = \delta U_{b0} \tag{1-1-4}$$

Where: U_{b0}——the discharge voltage under standard atmospheric conditions, which is independent of the uniformity of the electric field and the type of voltage.

Linear proportional relation of deviation between the air gap discharge voltage and the air density δ in the nonuniform electric field shall meet the following requirements:

$$U_b = U_{b0}\delta^{m(d)} \tag{1-1-5}$$

In Formula (1-1-5), m is the function of discharge distance d. Some studies indicate that m is 1 under the effect of lightning wave; under the effect of operation wave, if d is 1.64, 2.45, 3.28, 4.10 m, m is 1.00, 0.90, 0.80, 0.70.

③ Influence of humidity on discharge voltage

In the uniformed or slight nonuniform electric field, the discharge voltage is increased a little along with the absolute humidity, without predischarge phenomenon, and the influence of humidity can be ignored in the engineering. The discharge voltage in the severe nonuniform electric field is increased along with the increase of the absolute humidity, and changed along with the electrode shape, voltage polarity, waveform clearance distance and absolute humidity.

Polarity effect does not exist in the gas gap discharge in the uniform electric field, and there is no corona phenomenon. Once the gas gap discharge occurs, it will cause the breakdown of the whole gas gap, so the breakdown voltage under DC and AC power frequency is the same, and the dispersion of the discharge is very small. In the slight nonuniform electric field, with the decrease of uniformity degree of the electric field, the breakdown voltage at the same gap distance is low, and the maximum breakdown voltage is just the breakdown voltage in the uniform electric field.

(2) Gas gap breakdown of nonuniform electric field

Most of the electric fields near the power transmission line are greatly nonuniform. In the severe nonuniform electric field, as strong corona has occurred before gap breakdown, the discharge hereafter is developed under the condition that external electric field is formed by distortion of corona space charge, so main factor affecting the breakdown voltage is clearance distance, and it is not greatly related to the electrode shape.

The gas gap breakdown of nonuniform electric field has obvious polarity effect and long discharge time delay, so it is remarkably related to the added voltage waveform. Discharge development process in the long gap is different from that of the short gap.

① Long gap discharge

Generally, air free field intensity is 25-30kV/m, and it is only 10kV/m when there is water drop in the air. The pilot discharge channel is featured with classification development, 50m each level, and the interval between the adjacent levels is 30~90 μs.

② Short gap breakdown

"Rod-plate" and "rod-rod" electrodes of the severe nonuniform electric field shall be selected as the typical electrodes. In case of asymmetrical electric field distribution, it can refer to the data of rod-plate electrode. In case of symmetrical electric field distribution, it can refer to the data of rod-rod electrode. In the severe nonuniform electric field, gas gap discharge voltages at the DC voltage with different polarities are obviously different. Rod-plate gap is typical severe nonuniform electric field. In this gap, the ionization process always starts from the place nearby the rod electrode of high field intensity. Fig. 1-1-5 shows the situation of positive rod and negative plate, and Fig. 1-1-6 shows the situation of negative rod and positive plate.

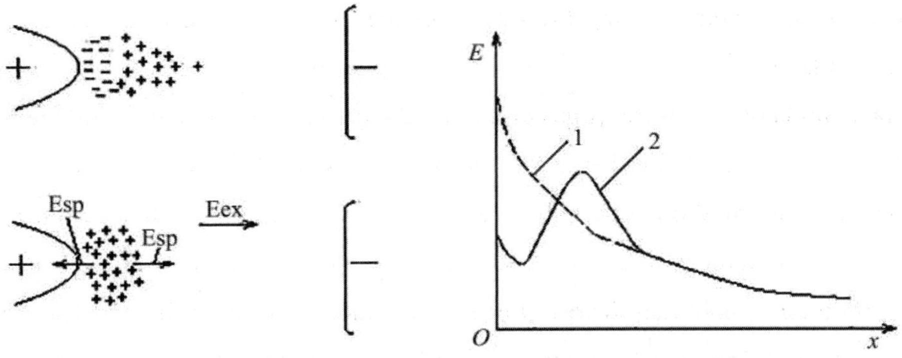

Fig.1-1-5 Positive Rod and Negative Plate

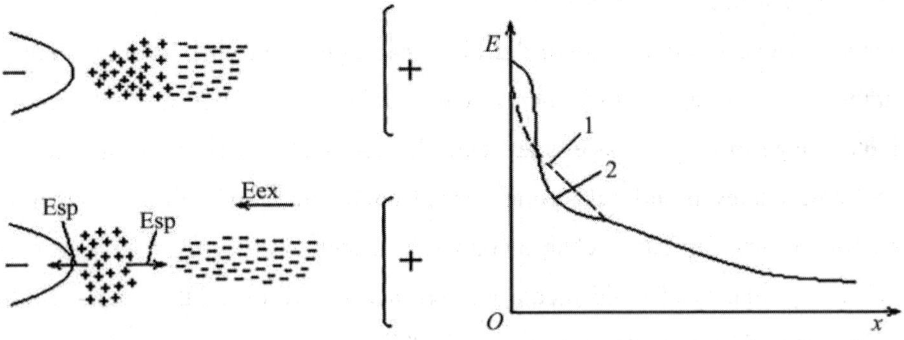

Fig.1-1-6 Negative Rod and Positive Plate

When the polarities of the rods are different, the space charge will play different effects, so obvious difference will occur in the corona discharge voltage or gap breakdown voltage of this severe nonuniform electric field, and this is called polarity effect.

For the corona discharge voltage, negative discharge voltage is low. For the gas gap breakdown voltage, positive discharge voltage is low.

(3) Discharge along dielectric surface in the gas

Discharge along dielectric surface means the discharge phenomenon occurring along the boundary surface of the insulator and air. IIt is called flashover developing from discharge along dielectric surface to perfoliate air breakdown.

The flashover voltage along the dielectric surface is lower than the breakdown voltage when the gas or solid exists separately. If electrical performance test is carried out in the air gap and on the insulating tool with the samssse length, the discharge voltage along the surface is higher than the flashover voltage along the surface for 6%-10%. According to the test, when the effective length of the insulating tools not affected with the damp is 3.5 m or below, the discharge voltage along the surface of the insulator is basically equal to the air breakdown voltage.

Surface discharge is a form of gas discharge. As the voltage distribution on the medium interface is nonuniform, its discharge voltage is not only much lower than the own breakdown voltage of the solid dielectrics, but also much lower than the discharge voltage of the pure air gap; furthermore, it is greatly affected by the surface condition of the solid dielectrics, electrode form, pollution degree, weather conditions and other factors. The flashover along the surface of line insulator when it is struck by lightning and the discharge in rain and dew weather after pollution are all surface discharge phenomena.

(4) Sliding discharge in the gas

Porcelain sleeve is often used in the electrical equipment such as traditional arrester, current transformer, voltage transformer, circuit breaker, transformer and the like. Conductive rod and flange of ceramic sleeve are two electrodes of electric field, in which electric field is extremely uneven and has strong normal component, and sometimes sliding flashover discharge occurs. Sliding discharge voltage is related to the working frequency of voltage, specific capacitance of solid media and surface resistivity of the media. Sliding discharge is also the discharge along dielectric surface, and it is developed from corona discharge, as shown in Fig. 1-1-7.

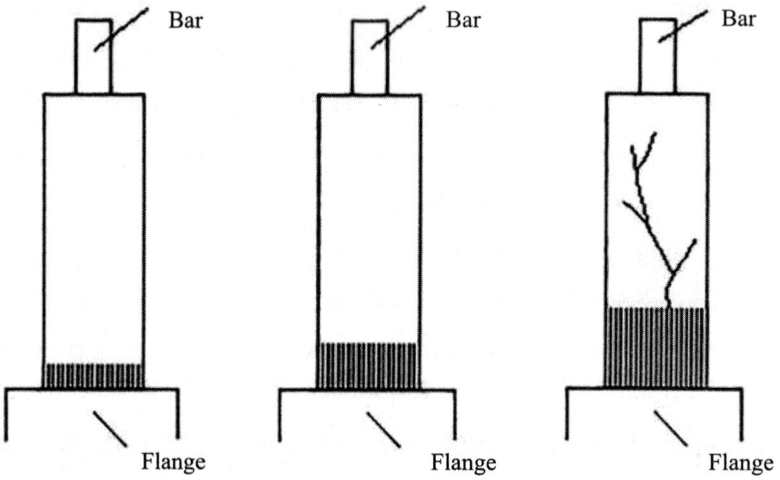

(a) Corona discharge (b) Brush discharge (c) Sliding discharge

Fig. 1-1-7 Several Discharge Processes

1.1.2.1 Classification of Basic Methods for Live Working

1. In Accordance with the Relative Location of the Human Body and the Electrified Body

According to the relative location of the human body and the electrified body, it can be divided into direct operation method and indirect operation method.

The direct operation method means that the operator wears complete set of shielding and protective equipment to into the electric field via the insulating tools, and the human body and the action object are located at the same potential for operation, also known as equipotential operation or free operation. If the conductor is repaired live, the operator enters the electric field along the insulated rope ladder, hard ladder, etc., which belongs to the direct operation method.

Indirect operation method refers to the operation in which the operator does not directly contact the electrified body and always maintains a certain safe distance and contacts the electrified body with an insulating tool, which is also called distance operation. For example, zero-value insulator detection is carried out by using a zero-measuring rod.

2. According To the Human Body Potential of the Operators

According to the human body potential of the operator, it can be divided into ground potential operation method, intermediate potential operation method and equipotential operation method.

(1) Ground potential operation method

Ground potential operation means that the operators touch with the electrified body through the insulating tool on the grounding component. The operators shall be kept at the same potential (zero potential) with the earth (or pole and tower). Relation between the human body and the electrified body: earth (or pole and tower) →human body→insulating tool→electrified body, as shown in Fig. 1-1-8.

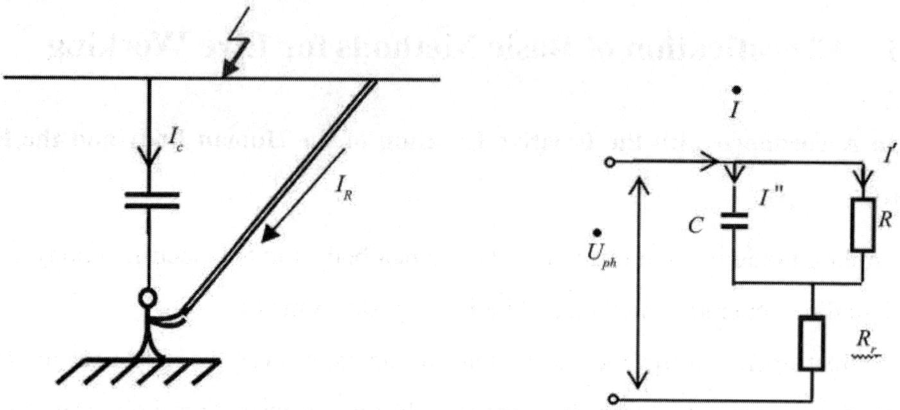

C, I_c—capacitance and capacitance current of human body and electrified body; U_{ph} - phase voltage;
R, I_R—resistance of insulating tool and insulating current flowing through it; R_r—human body resistance.

Fig. 1-1-8 Location Diagram and Equivalent Circuit Diagram of Ground Potential Operation

Precautions for ground potential operation:

① Enough safe distance shall be kept between the human body and the electrified body, with enough air gap.

② The surface of the insulating tools shall be dry and clean, and shall be properly kept to prevent dampness.

③ While working on the line pole and tower at 330kV or above and the architecture of the substation, the ground potential operators shall also wear electrostatic induction protective clothing and conductive shoes and take antistatic induction measures. Conductive shoes should be worn when working on 220kV transmission line pole and tower.

(2) Intermediate potential operation method

Intermediate potential operation is a method between two methods under the condition that both the ground potential and equipotential method cannot be adopted. The human body shall be kept from the electrified body and the earth (grounding body) for a certain distance. At this moment, the potential on human body is a certain floating potential between the ground potential and the high potential of the electrified body. Relation between the human body and the electrified body: earth (pole and tower)→insulator→human body→insulating tool→electrified body, as shown in Fig. 1-1-9.

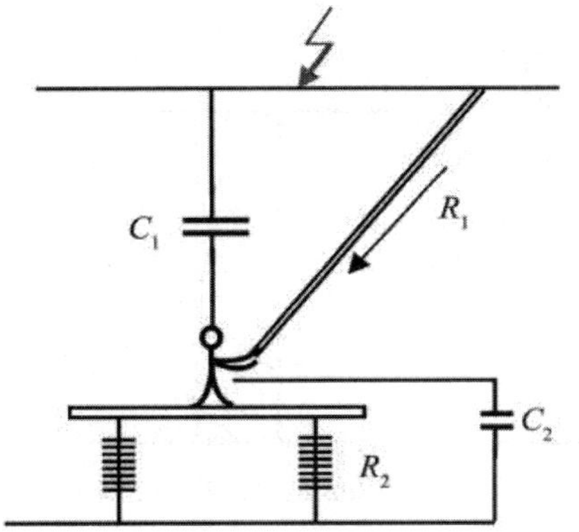

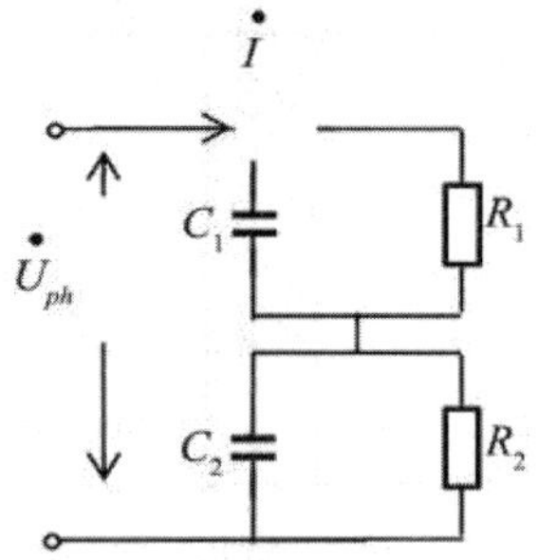

Fig. 1-1-9 Location Diagram and Equivalent Circuit Diagram of Intermediate Potential Operation

(3) Equipotential operation method

After the operator is insulated to the ground, the human body and the electrified body are located at the same potential, which is called equipotential operation. During the equipotential operation, the human body will always maintain contact with the electrified body. Relation between the human body and the electrified body: earth→insulator→human body→electrified body, as shown in Fig. 1-1-10.

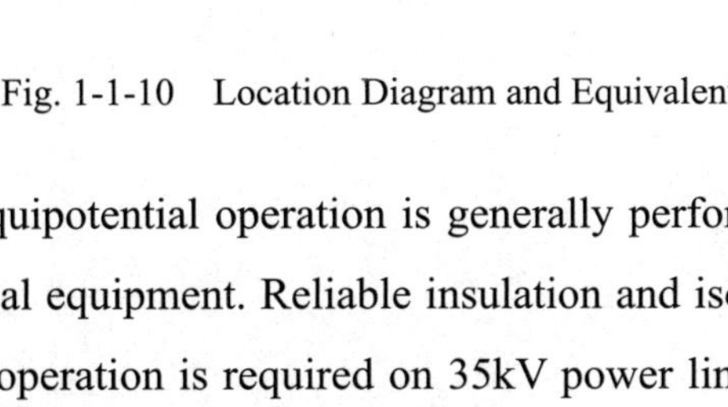

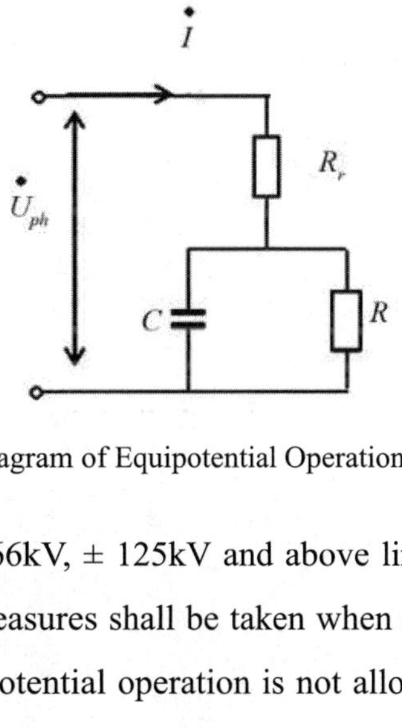

Fig. 1-1-10 Location Diagram and Equivalent Circuit Diagram of Equipotential Operation

Equipotential operation is generally performed on 66kV, ± 125kV and above lines and electrical equipment. Reliable insulation and isolation measures shall be taken when equipotential operation is required on 35kV power lines. Equipotential operation is not allowed on power lines and electrical equipment up to 20kV.

Difference of three operation modes, as shown in Fig. 1-1-11.

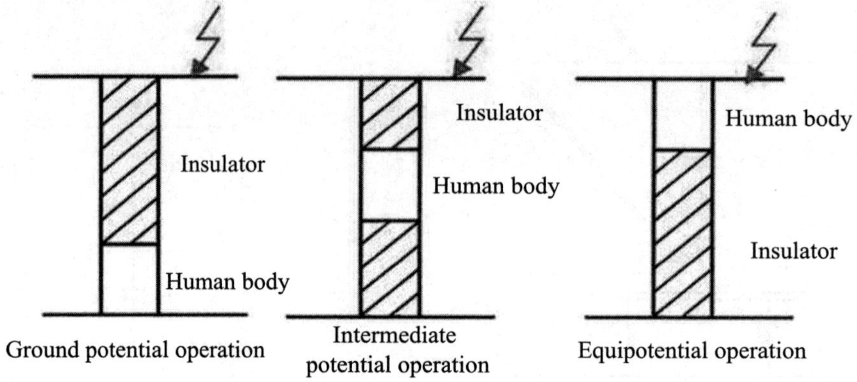

Fig. 1-1-11 Differences among Three Operation Modes

1.2 Determination of Safe Distance Between Overvoltage and Live Working

1.2.1 Power System Overvoltage

Besides the working voltage, the line in the running state also will bear various overvoltages. In the live working process, whatever it is air gap or insulating tool, insulation coordination must be carried out according to the corresponding voltage level, so as to ensure the safety.

During the live working, in case of overvoltage, the discharge may be carried out to the human body or the equipment by three modes as below: discharge to the human body or equipment by breaking down the air, discharge by the insulating tools such as insulating bar, insulating -load-bearing tool and insulating rope; when the number of insulators is not enough, the discharge shall be carried out through the insulator string.

During normal operation of the line at any voltage class, the voltage is not a fixed value, but it is changed in a certain range. System capacity, load change and line fault will affect the line voltage.

The voltage of the power system will rise for a short time for internal (fault, operation and the like) and external (thunder and lightning) reasons, which is called overvoltage of power system. Although duration of overvoltage is very short, the amplitude will be very high, which may be several times the normal working voltage, so it is one of major threats for the running equipment of the power system and the live working operator. Overvoltage of the power system is divided into internal overvoltage and external overvoltage.

1. Internal Overvoltage

In case of switching operation or accident of the power system, the internal parameters of the system will be changed,and the power system will be translated from a stable state to anther stable state; vibration, transfer and accumulation of the electromagnetic energy will be caused by the change of the internal parameters of the system; furthermore, very high overvoltage will appear on some equipment or in the whole system, which is called internal overvoltage. The amplitude of overvoltage is basically in direct proportion to that of the power frequency voltage of the power grid. The internal overvoltage includes temporary overvoltage and switching overvoltage.

(1) Temporary overvoltage

Temporary overvoltages include the increase of power frequency voltage caused by capacitance effect of no-load long line, arc grounding overvoltage and resonance overvoltage.

① Power frequency voltage rise

The main reasons for the rise of power frequency voltage are rise of power frequency voltage caused by asymmetric short circuit, no-load long line capacitance effect, rise of power frequency voltage caused by load rejection and so on.

The characteristics of the power frequency voltage rise are as follows: capacitance effect is intensified by system impedance, that is to say, the line is prolonged; the smaller the power capacity is, the higher the power supply equivalent leakage resistance is, and the voltage at the end of the no-load line will be raised greatly; the power frequency voltage rise shall be considered according to the minimum operation mode of the system; and shunt reactor can be used for limiting the power frequency voltage rise in the EHV grid. The capacitance effect means that voltage drop of capacitance current on the inductance makes the voltage on the capacitor higher than the power supply potential under the effect of the power supply potential.

② Resonance overvoltage

In case of operation or fault of the system, the inductance and capacitance elements will form the resonance circuit at various frequencies. When a certain self-vibration frequency of the circuit is equal to a certain resonance frequency of the power supply, resonance phenomenon will occur, so as to cause resonance overvoltage. Resonance overvoltages include ferroresonance overvoltages caused by broken wires, transfer overvoltages, and resonance overvoltages caused by saturation of electromagnetic voltage transformers in neutral ungrounded systems.

(2) Switching overvoltage

Generally, switching overvoltage of the power system occurs in the operation process of the circuit breaker. As the running state of the system is changed by the switching operation, the electromagnetic energies between the inductance element and the capacitance element in the system are converted to each other, so it is featured with high frequency vibration, high altitude, heavy damping, short duration, etc.

The switching overvoltage includes no-load line closing and re-closing overvoltage, and cutting of small capacitance load overvoltage, small induction load overvoltage, and interrupted arc grounding overvoltage.

① Closing and re-closing overvoltage of no-load line

Closing operation of the no-load line includes planned closing and fault closing (automatic re-closing). From the perspective of electrical parameters, the no-load line is equivalently composed of large capacitor and large inductor. There is no residual charge on the line before planned closing. Closing means charging for it, and the charging power is great. The closing process is just the state change process of the no-load line, and the initial value of the transition amount is great, as a result, closing overvoltage of the no-load line appears.

When the three-phase automatic re-closing is adopted in the system, if single-phase grounding fault occurs in the system and the three-phase circuit breaker is disconnected at the same time, residual voltage will exist on the non-fault phase line capacitor at this moment. If the power supply voltage is not equal to the residual voltage, automatic re-closing process also means drastic change of the line state, so as to produce re-closing overvoltage. In the UHV and EHV grids, the overvoltage of closing no-load line is the decisive factor of selecting the insulation level of the power grid.

The polarity and size of residual voltage on the line, closing phase angle, line number of the bus and synchronism of three phases of the circuit breaker and other factors will influence the size of the closing overvoltage. The multiple of re-closing overvoltage of the line at 220kV or below is not high and its insulation level is designed according to 3-4 times the phase voltage, so it is unnecessary to take any measures for limiting the re-closing overvoltage. For the system at 330kV or above, after the capacitance effect of long line is considered, the re-closing overvoltage can reach 2.5 times or above, but the insulation level of the line is only designed according to 2-2.75 times the phase voltage. The re-closing overvoltage must be limited by selecting the switch with strong arc extinguishing ability, improving the synchronism of the switching actions and taking other measures.

② Cutting off small capacitance load overvoltage

Removing the no-load long line and cable and disconnecting the capacitor group are common operation in the power grid. In the system with neutral point not directly grounded, the overvoltage multiples shall not exceed 3.5-4, and in the system with neutral point directly grounded, the overvoltage multiples shall not exceed 3. The most effective measure of limiting the overvoltage of switching no-load line is to improve the arc quenching performance of circuit breaker, and use zinc oxide arrester as the backup protection for the overvoltage of switching no-load line, and it also can limit the overvoltage of switching no-load line through parallel resistance of the circuit breaker.

③ Cutting of small induction load overvoltage

The no-load transformer can be equivalent to an excitation inductance. When no-load transformer is cut off, it can be equivalent to a cut-off inductance. Overvoltage will be generated when cutting off inductance components such as motor, arc suppression coil and shunt reactor. The overvoltage intensity is related to the exciting current of the transformer, transformer winding to ground capacitance and other values. Exciting current of the high-voltage transformer made of cold rolling silicon sheet is about 0.5% of the rated current, so that open overvoltage multiple of the no-load transformer is generally not great than 2. The overvoltage of the no-load transformer is limited by the common valve arrester or zinc oxide arrester. The arrester is connected to the side of the transformer on the circuit breaker, and it is used for protecting the internal overvoltage, so it cannot be stopped in the non-thunderstorm season.

④ Intermittent arc grounding overvoltage

Arc grounding overvoltage is caused by intermittent arc grounding when single-phase grounding occurs in a grid where neutral point is not directly grounded. Measured arc grounding overvoltage multiple is generally less than 3, and the maximum value is 3.2.

The overvoltage protection code of our country stipulates that the operation overvoltage multiple K of each voltage class power network is as follows:

① 10-66kV system (neutral point grounded or ungrounded by arc suppression coil) K=4.

② 110-154kV system (neutral point grounded by arc suppression coil) K=3.5.

③ 110-220kV system (neutral point directly grounded) K=3.0.

④ 330kV system (neutral point directly grounded) K=2.5.

⑤500kV system (neutral point directly grounded) K=2.18.

2. External Overvoltage

The external overvoltage is also called atmospheric overvoltage, and it means abnormal voltage caused by lightning activities in the atmosphere. The external overvoltage is divided into induced lightning overvoltage and direct lightning overvoltage. The overvoltage amplitude caused by induced lightning depends on the distance from the line of lightning discharge current value and induced lightning voltage to the height of transmission line and the ground lightning point. The overvoltage amplitude caused by direct lightning is related to the lightning current amplitude, gradient and the wave impedance of affected pole and tower. The steepness of lightning traveling wave is very high, and it attenuates obviously when it propagates on the conductor, so the amplitude of overvoltage at each point along the line is different.

The "Safety Regulations" stipulate that live working shall not be carried out in thunderous weather. Therefore, except that the power frequency voltage under the normal operating condition is considered for the live working, only the effects of the working overvoltage and internal overvoltage are considered generally. The air gap on the line is mainly conductor-to-ground (plant, building or structure), conductor-to-conductor, conductor-to-lightning conductor, conductor-to-pole-and-power and cross arm. For the height of the conductor to the ground mainly, the safe distance between the highest object under the conductor and the conductor is mainly considered, and the static induction to the ground object shall also be considered under the ultra-high voltage. For the distance between conductors, the working voltage of the minimum gap shall be considered under the action of the wind at the lowest sag place of the conductor.

1.2.2 Determination of Safe Distance in Live Working

Basic means for preventing overvoltage hurt is just to keep necessary distance between the persons or objects with different potentials, and this is called safe distance. The safe distance mainly includes the minimum safe distance, the minimum complex gap and the minimum effective insulation length. The safe distance shall be confirmed by calculating the corresponding exposure distance according to the maximum internal overvoltage amplitude and the maximum external overvoltage amplitude of the system to get the maximum and increase the safety margin for 20%.

Confirming the safe distance of the live working belongs to the calculation method of insulation coordination. Insulation coordination refers to the comprehensive considering for all kinds of acting voltages in the system, characteristics of protection device and insulation properties of the equipment so as to ultimately determine the insulation level of electrical equipment. Its task is to solve the contradiction between the overvoltage and the voltage limiting measure, and the contradiction between the limiting overvoltage and the insulation, so as to achieve the requirements of safe, economic and high-quality power supply.

Insulation of the power system includes the insulation of the electrical equipment in the power plant and the substation and the insulation of the line. It is divided into external insulation and internal insulation from the insulation structure and characteristics.

The external insulation means the insulating component directly contact with the atmosphere, and it generally refers to the surface insulation and air insulation of glass, porcelain or silicon rubber. The withstand voltage of the external insulation is closely related to the atmospheric conditions. It may temporarily lose its insulation performance due to flashover along the surface and gas gap breakdown. After the discharge, it can recover its insulation performance by itself, so it belongs to self-recovery insulation.

The internal insulation means the insulating component not in contact with the atmosphere directly, and its withstand voltage value is basically unrelated to the atmospheric conditions.

Insulation level of the electrical equipment means test voltage value that the electrical equipment can bear. Under different voltage effects, the equipment insulation is different in endurance capacity, and the same insulation is different in endurance value of different acting voltages. External insulation specifies the power frequency discharge voltage in wet state and dry states. Short-time (1min) power frequency test voltage is used for checking the ability of the equipment of bearing the running voltage in the insulation state, power frequency overvoltage and switching overvoltage; long-time (1-2h) power frequency withstand voltage is used for checking the aging of internal insulation and pollution performance of external insulation of some equipment under the effects of running voltage and the power frequency voltage; switching impulse test voltage and lightning impulse test voltage are important test voltage values for checking the ability of the EHV equipment of bearing the switching impulse wave action and the lightning overvoltage action in the insulation state.

Common insulation coordination includes conventional method and statistical method.

1. Conventional Method

Conventional method is characterized by taking the "maximum overvoltage" acting on the insulator and the own "minimum tolerance intensity" of the insulator to make the both meet the expected margin, and considering the deviation produced by the maximum overvoltage and the minimum tolerance intensity.

Conventional method is mainly suitable for the voltage class of 220kV or below.

2. Statistical Method

The statistical method is based on the assumed probability distribution functions of overvoltage and insulation strength and the experimental results.

Statistical method is generally adopted for confirming the insulation coordination and safe distance for the self-restoring insulation in the EHV system (330kV or above). If the conventional method is used to determine the minimum safe distance of the insulation gap in the ultra-high voltage system, the size of the insulation gap may be too large to be technically and economically feasible.

When the insulation discharge voltage is confirmed, 50% discharge voltage is adopted during strict positive polarity operation shock, but the probability of positive and negative polarity operation waves in the system is the same actually. Taking these factors into consideration, the safety range of risk rate can be appropriately broadened, and 1×10-5 ~ 5×10-5 is suitable. Hazard index means the gap discharge probability when the switching voltage occurs for once at the live working gap. 1×10-5 means that there is one-hundred-thousandth of possibility of suffering the operation overvoltage for once in the live working clearance, or the overvoltage with the same condition may occur for one hundred thousand times, and the live working clearance has one discharge chance.

3. Safe Distance of Various Voltage Class Systems

Safe distance of live working is specified in the State Grid Corporation of China Work Regulations of Power Safety, and the determination principles are conventional method, statistical method, and the test data under various conditions. Table 1-2-1 lists the provisions for various safe distances for live working at common voltage classes.

Table 1–2–1 Various Safe Distance Provisions for the Live Working of Common Voltage Class

<table>
<tr><th>Voltage class/kV</th><th colspan="3">Safe distance from ground/m</th><th colspan="2">Safe distance from phase/m</th><th colspan="2">Complex gap/m</th></tr>
<tr><td>10</td><td colspan="3">0.4</td><td colspan="2">0.6</td><td colspan="2">-</td></tr>
<tr><td>35</td><td colspan="3">0.6</td><td colspan="2">0.8</td><td colspan="2">0.7</td></tr>
<tr><td>110</td><td colspan="3">1.0</td><td colspan="2">1.4</td><td colspan="2">1.2</td></tr>
<tr><td>220</td><td colspan="3">1.8</td><td colspan="2">2.5</td><td colspan="2">2.1</td></tr>
<tr><td>330</td><td colspan="3">2.2</td><td colspan="2">3.5</td><td colspan="2">3.1</td></tr>
<tr><td>500</td><td colspan="3">3.4</td><td colspan="2">5.0</td><td colspan="2">4.0</td></tr>
<tr><td>750</td><td colspan="3">5.2</td><td colspan="2">6.9 (7.2)</td><td colspan="2">5.9</td></tr>
<tr><td>±800</td><td colspan="3">6.8</td><td colspan="2">None</td><td colspan="2">6.6</td></tr>
<tr><td rowspan="3">±1000</td><td>Side phase of tangent tower</td><td>The ground potential operator is away from the electrified body, and the equipotential operator is away from the side tower body</td><td>4.5</td><td>Side phase</td><td>6.5</td><td>Side phase of tangent tower</td><td>4.8</td></tr>
<tr><td>Middle phase of tangent tower</td><td>The ground potential operator is away from the electrified body, and the equipotential operator is away from the side tower body</td><td>4.8</td><td>Middle phase</td><td>7.0</td><td>Middle phase of tangent tower</td><td>4.9</td></tr>
<tr><td>Side phase or middle phase of tangent tower</td><td>Equipotential operator is away from the cross arm or the top frame</td><td>5.7</td><td></td><td></td><td></td><td></td></tr>
</table>

1.3 Safety Protection for Live Working

1.3.1 Electric Field and Magnetic Field Induction Close To Power Line

Electric field induction and magnetic field induction exist in the near power AC line.

1. Electric Field Induction

Metal conductors are placed in an external electric field. Because the free electrons in the conductors move in the direction of the electric field force, it induces charge on the surface of the conductors, which is called electrostatic induction. The conductor put into the electric field will reach the state of no charge oriented movement finally, and this state is called the state of electrostatic balance. Fig. 1-3-1 shows electric field induction diagram.

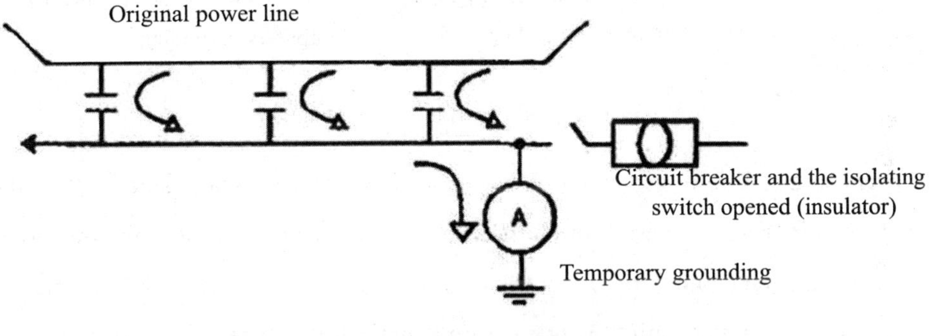

Fig. 1-3-1 Electric Field Induction Diagram

The electric field around the live wire will produce voltage on the nearby conductor not grounded. The voltage intensity depends on the number of power supplies and the system status, and it is unrelated to the parallel length of the line. The induced voltage may reach 30% of the voltage of the charged line.

AC charged line and adjacent uncharged line are like two pole plates of the capacitor, and the charging current will flow from the air gap therebetween. The current, in proportion to the parallel length, can reach several amperes. If the temporary grounding has defect or is removed, the capacitor voltage will be produced immediately. If the operator contacts with the electrified body at this moment, and the unique grounding is removed, the operator is in the dangerous voltage and current.

If trying to contact the conductor or connecting parts, it will suffer dangerous discharge current and steady current, and the induced voltage may be high to the extent of producing arc discharge.

2. Magnetic Field Induction

Charged conductors and nearby uncharged conductors can be regarded as the main windings and secondary windings of the air-core transformer. Fig. 1-3-2 shows the magnetic field induction diagram.

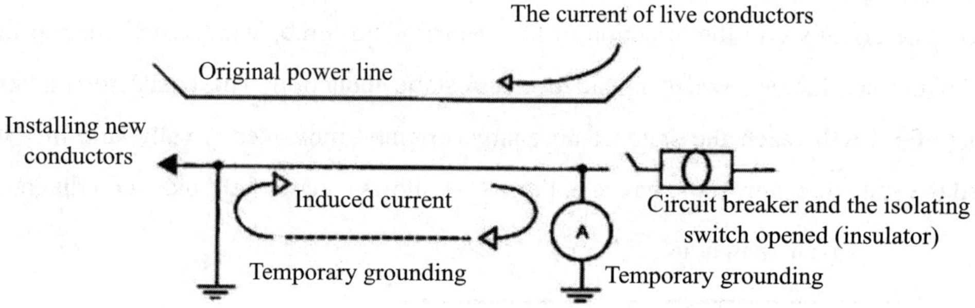

Fig. 1-3-2 Magnetic Field Induction Diagram

If the uncharged line is grounded at two places, at the secondary side of the air-core transformer, the circuit is formed through the earth, the inducted current will flow along the uncharged line, and enter into the earth through the grounding point, and form the circuit through the other grounding point. This electromagnetic field current is proportional to the current of the charged line and depends on the system condition and impedance.

If multiple sites of uncharged line are grounded, multiple circuits will be formed, each circuit will have the current, and its intensity will be related to the grounding impedance and the corresponding circuit impedance, but the superposition effect will appear in the current of intermediate grounding electrode.

In case of cross with the adjacent charged lines, the phase angles of the inducted current will be different along the line. During operation near the charged line with high load or in case of fault in the nearby live line, very large induced current will be produced on the nearby non-live line.

1.3.2 Possible Damage To Operators Caused By Live Working and Its Protection

There are two harm forms of the electricity to the human body: it occurs when different parts of the human body come into contact with a charged body with a potential difference and an electric current passes through the human body; when working nearby the charged equipment, even though the human body does not contact the electrified body, uncomfortable situations such as wind blowing and needling may occur, and this is caused by the space electric field.

1. Harm of Electric Current To Human Body

(1) Resistance of human body

The resistance of human body will vary with each individual, and the value will vary according to different conditions. Moisture and perspiration of the skin will reduce the resistance of the human body; the resistance also changes when an electric current passes through the human body. The higher the contact voltage is, the greater the current is, and the longer the power-on time is, the lower the human body resistance is. During the live working, the resistance of human body is generally 1000Ω.

(2) Current of human body

If the human body is connected in series to a closed circuit, an electric current flows through the human body, the magnitude of which is calculated according to $I_r=\frac{U}{Z_r}$. Z_r is resistance of human body, including human body impedance and skin impedance. Most of the human body impedance is the resistance, with only a small part being capacitive component. Skin impedance can be regarded as a web of resistance capacity, and it is changed along with the change of voltage, frequency, current duration, contact area, contact pressure, skin humidity and temperature.

(3) Electric shock

The main factor causing damage to human body by electric shock is the magnitude of current flowing through human body, which is generally divided into transient electric shock and steady electric shock.

① Transient electric shock

Transient electric shock means that the charges accumulated on the conductor suddenly discharge to the ground through the human body in the form of spark discharge at the moment that the human contacts the conductor insulated to the ground in the electric field. The discharge current change is complex, and the harm degree to the human body is often measured by the energy of spark discharge. Table 1-3-1 shows the energy thresholds for the physiological response of the human body to transient electric shocks.

Table 1–3–1 Energy Threshold of Human Body´s Physiological Response to Transient Electric Shock (mJ)

Physiological effect	Perception	Trouble	Injury or death
Energy threshold	0.1	0.5-1.5	25,000

② Steady electric shock

The physiological responses of human body to power frequency steady-state currents can be divided into perception, shock, escape, respiratory spasm and ventricular fibrillation. See Table 1-3-2 for physiological response threshold of human body to steady electric shock.

Table 1–3–2 Current Threshold (mA) of Human Body´s Physiological Response to Steady Electric Shock

Physiological effect	Perception	Shock	Escape	Respiratoy spasm	Ventricular fibrillation
Male	1.1	3.2	16.0	23.0	100
Female	0.8	2.2	10.5	15.0	100

Ventricular fibrillation is thought to be the main reason of death caused by electric shock, and the current is reflected by the central nervous system to cause ventricular fibrillation. Death may be caused by the current exceeding the threshold of let-go current. Measures must be taken to limit the current flowing by the human body to be less than the minimum value of the current causing human hurt, so as to ensure the personal safety.

The resistance of the insulating tools is much greater than the resistance of the human body, thus using the insulating tools can effectively reduce the current through the human body.

(4) Damage of electric current to human body

① Heat

When the current flows through the human body, thermal effect will be produced because of human body resistance, as a result, contact skin burning or partial carbonization will be caused.

② Electric light

In case of arc discharge, invisible light and infrared ray will be produced to hurt the eyes, shown as keratitis and conjunctivitis.

③ Chemical current

Chemical effect will be produced when the current flows through the human body, as a result, electrolytic phenomenon occurs in the interior tissue of human body to cause electric imprint or skin metallization, and if serious, the human body function disorder may be caused.

④ Radiation

Magnetic field energy has radiation to the human body to result dizziness, fatigue, discomfort, neurasthenia and the like.

⑤ Physiological current

Current flowing through the human body can produce intense stimulation, and this may cause the symptoms such as muscle spasm.

⑥ Others

Other hurts, including electric shock and the like. It mainly includes high-voltage arc electric shock and high-voltage step electric shock.

2. Leakage Current of Insulating Tools and Insulators

(1) Leakage current of insulating tools

There is current flowing by the insulating materials under the effect of electric field, and this current is called leakage current. The leakage current on the insulating tools mainly refers to the current flowing along the surface of the insulating material, and this is caused by the ion migration of the insulating medium and foreign impurity.

When the operator uses the insulating tool in the indirect operation, the human body is in series connection with the insulating tool, and the leakage current flowing through the insulating tool will flow through the human body completely. The resistance of the insulating tool is far greater than the human body resistance, therefore, the current flowing through the human body is determined mainly by the resistance of the insulating tool.

(2) Leakage current of insulator string

For the dry and clean insulator string, the insulation resistance of single insulator is 500MΩ or above, the capacitance is small, the impedance value is high, and the leakage current is not greater than dozens of microamps. However, when the air humidity is high, the leakage current on the surface of the insulator can attain milliampere level. Therefore, the ground potential operators shall wear complete suite of shielding clothes while removing the insulator hanging point or the insulator at the cross arm side with power.

3. Harm of Electric Field To Human Body

There are positive and negative charges in nature. There is an electric field around the charge, which is static relative to the observer, and the electric field which does not change with time is an electrostatic field. At the DC voltage, the electric field between two electrodes is just static electric field. The instant power frequency electric field also can be considered approximately as per the electrostatic field.

In the live working, almost all of the electric fields are severe nonuniform electric fields distributed asymmetrically. Various electrode structures are formed among the operator, the electrified body and the earth. Main electrode structure: conductor - human and architecture, conductor - human and cross arm, conductor and human - architecture, conductor and human - cross arm, conductor and human - conductor, etc. The difference of live working environment and charged equipment layout, the diversity of live working tools and working methods, and the change of people's position in the process of work, thus the electric field of people in the live working varies a lot.

Non-uniformity degree of the electric field and electrode shape are related to the distance between the electrodes. Under the condition of the same electrode shape, if the distance between the electrodes increases, and the non-uniformity degree of the electric field will increase correspondingly. For the air medium, the non-uniformity degree of the electric field can be based on whether corona occurs around the high-voltage electrode before gap breakdown. That without corona phenomenon before breakdown is slight nonuniform electric field, and that with corona phenomenon before breakdown is severe non-uniform electric field.

The space electric field from the conductor to the ground is severe nonuniform. Fig. 1-3-3 is potential distribution situation calculated according to the theory as per the optimal state of parallel ground erection of single conductor. The exponential function relationship exists in the height of transmission line of electric field intensity, thus the 3%-9% area near the conductor is high potential area, and its corresponding field intensity distribution rules are the same.

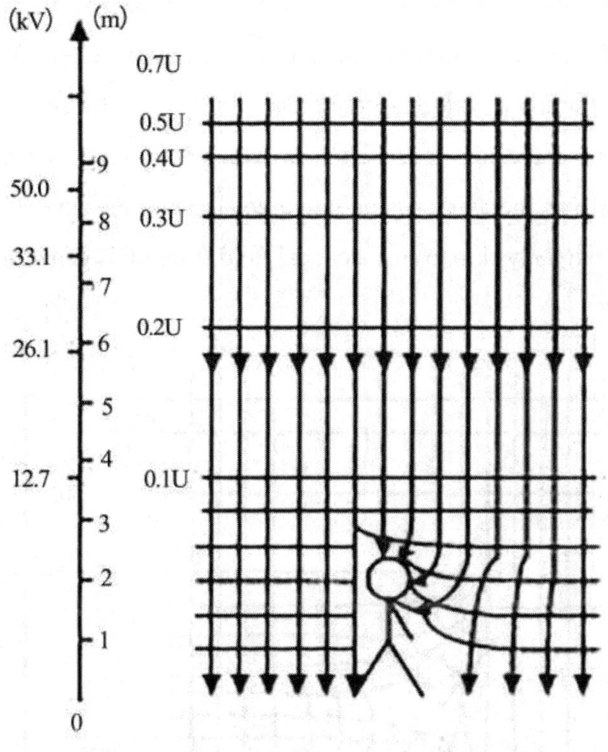

Fig. 1-3-3 Potential Distribution of Single Conductor Erected Parallel to the Ground

Fig. 1-3-4 is potential distribution diagram of human body in the space between the conductor and the ground. Density of power line at head top and heel is relatively high, and other positions have a small amount of power line with low density. Therefore, when operators operate near conductor, the surface longitudinal field strength of projecting part of human body along the electric field must be high, while surface field strength of other positions is low.

Influence of working frequency strong electric field on human body includes short-term effect and long-term effect. The long-term effect of working frequency strong electric field on human body is the most concerned problem. In 1982, a study on the effect of electromagnetic fields generated by transmission systems on human health by the World Health Organization showed that a field intensity of 20kV/m would not be harmful to human health. The research results of the relevant experimental units in China showed that no effect on the biological functions of animals was found at 40kV/m;

When the field strength reaches 100kV/m, it will affect the biological function of animals. When the electric field exceeds 240kV/m, 0.08μA/cm^2 electric current flows through the human body, and the exposed skin begins to feel the sensation of wind blowing, which is caused by the gas dissociation and movement near the tip of the electrified body in the electric field. When the field strength continues to increase, there will be a sense of cobweb, noise and acupuncture. Cobweb sensation, a sensation in which a strong electric field causes electric charges to accumulate on the hair, causing it to erect and pull the skin. Therefore, electric field sensing level of human body skin to surface local field strength is generally 240kV/m.

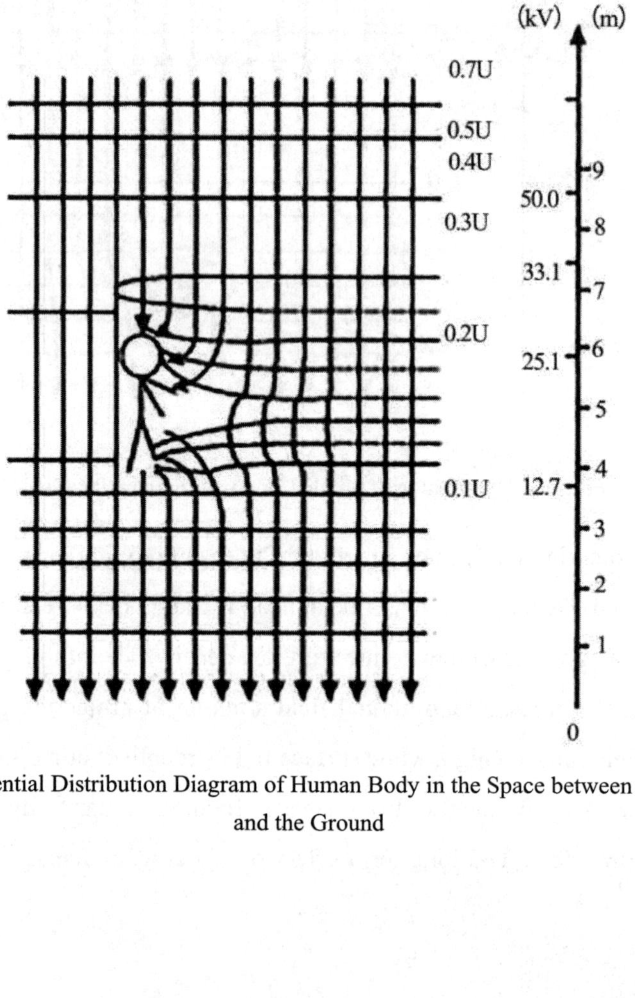

Fig. 1-3-4 Potential Distribution Diagram of Human Body in the Space between the Conductor and the Ground

4. Harm of Electrostatic Induction To Human Body

(1) Electrostatic induction phenomenon

Power frequency electric field can be deemed to be electrostatic field. When conductor is in electric field, conductor surface will generate inductive charge due to electrostatic induction. Induced electric field will be superimposed with original electric field, which will make original electric field distorted. Electric field with electric field distortion caused by conductor will be increased. Besides, the less the curvature radius of conductor is, the more excessive increase of surface electric field strength will be.

(2) Physical quantity of representational electrostatic induction

Electric field strength, induced voltage, induced current.

(3) Electric shock caused by electrostatic induction

When live working personnel conduct ground potential operations and intermediate potentials, electric shock may be caused by due to electrostatic induction. Through on-site measurement, the induced voltage is as high as 800-1700V when the operator is 1.6m away from the middle conductor of the 220kV transmission line tower. When the induced voltage discharges to the grounding body through the exposed part, the transient current value is large, far exceeding the human body perception level of 1mA, which may lead to the accidental personal accident of falling from a height.

① Human body insulation to ground

Fig. 1-3-5 shows the situation of human body insulation to ground. Human body resistance is small, thus it can be deemed as a conductor conductor in strong electric field. When human body is insulated to ground, the human body will be in certain potential due to electrostatic induction. At this time, if exposed part of human body touches grounding body, induced charge of human body will discharge to grounding body via contact point, which is called electric shock. When the discharge energy reaches a certain value, it will make people feel stinging. This is the case when operators climb to iron tower window in insulated shows. At this time, hands will have the sense of pricking by touching tower materials because operators are too close to live conductor and there is too much electric charge.

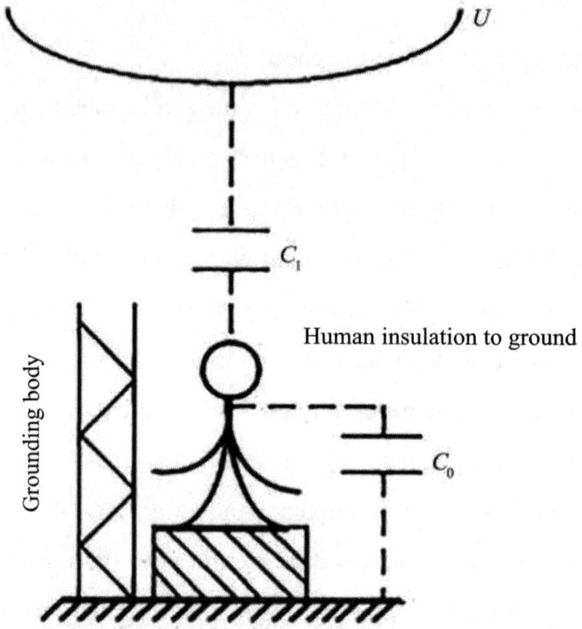

Fig. 1-3-5 Situation of Human Body Insulation to Ground

② Human body at ground potential

Fig. 1-3-6 shows the situation of human body at ground potential. A metal object insulated to the ground accumulates a certain amount of electric charge in an electric field by electrostatic induction and puts it at a certain potential.If the operator at the ground potential touches the metal body with his hand, the induced electric charge will discharge to the ground through the human body, which will cause the operator to suffer from electric shock. This is the case when ground operators touch large suspended metal tools or metal parts on power failure equipment in a strong electric field.

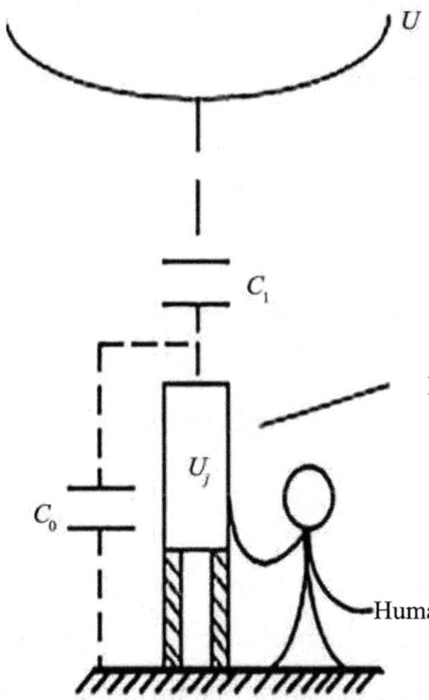

Fig. 1-3-6 Situation of Human Body at Ground Potential

1.3.3 Safety Protection Measures

Targeted preventive measures include electric field protection, current protection and static induction protection.

1. Current Protection

(1) Low voltage insulation isolation.

(2) High voltage shielding electric field, restricting the current flowing through human body.

(3) Alarm device

To prevent leakage current of insulating tools from increasing and hurting personnel, a warning device can be installed before holding, and the warning device will alarm to prompt to stop operation when leakage current reaches alarm value.

(4) Short circuit and bypass

Short circuit line shall be firstly used to connect with leakage current and led to ground, and then relevant operations can be carried out. Operators shall wear complete set of shielding clothes to protect human body from hurt via leakage current of bypass insulator.

2. Electrostatic Induction Protection

Protection in high voltage electric field is to restrain the discomfort to human body generated by strong electric field and minimize the long/short-term ecological effect of power frequency electric field to human body.

Field strength inside the conductor under static equilibrium state is 0. A solid conductor is hollowed to form a conductor shell (Faraday cage) with zero internal field strength, which can protect the area from the influence of external electric field, so as to protect the areas around, which is called electrostatic shielding.

In high voltage live working, workers wear special clothes made of metal sheet or conductive fiber, which can shield and protect the human body. Shielding clothes are made by using the principle of zero electric field strength inside a closed conductor. It has three main functions: electric field shielding, voltage balancing and bypass shunting.

The following protection measures are applicable to electrostatic induction protection:

(1) Equipotential and intermediate potential operators shall wear complete set of qualified shielding clothes and all connections shall be reliable and shall not break during operation, to restrict current flowing through human body.

(2) Conductive shoes shall be worn when climbing on pole and tower of 110kV and 220kV operating lines. If operation is carried out nearby electrified body such as conductors, shielding clothes shall be worn and human body current caused by electric field (transient and stable) shall be limited under 1mA.

(3) Conductive shoes and shielding clothes must be worn when working on the tower of 500kV operating line and working within the range of 10m to conductor. Besides, conductive shoes and shielding clothes must be also worn even if there is a power outage when working on two (or above) parallel operating 500kV lines, so that surface field strength of human body can be limited under 15kV/m and current flowing through human body is not higher than 50μA.

(4) Insulated metal parts passed to tower shall be touched with tower body firstly, and then ground potential operators on tower can touch it with objects; insulated metal parts lifted to ground shall be grounded firstly and then ground operators can touch it with objects.

(5) As for electrical equipment out of service, if there is strong electric field around, all metal parts on insulated bodies shall not be directly touched by ground potential personnel with hands before grounding.

(6) No-load phase line with power cut off, regardless of its length, shall not be touched by operator and enough safe distance shall be kept when adjacent conductor is electrified or power supply is not cut off, so as to prevent induced voltage of no-load phase line from hurting personnel. After properly grounding it by using insulating tools, operators can touch the no-load phase lines.

(7) Insulated overhead ground wire shall be deemed to be electrified and live working operator on tower shall keep an enough safe distance for it. Insulated ground wire shall not be touched before properly grounded.

Chapter 2

Work at Heights and Field Rescue

2.1 Work at Heights

On the live working site of power transmission line, by means of elevation climbing facilities such as ladder, shackles and insulating rope ladder, the work of climbing to the upper part of pole and tower such as cross arm and ground wire support as well as the operation points such as conductors located at high altitude to start the operation by the operation personnel is called work at heights, also known as high-place operation.

2.1.1 Basic Concepts Related To Work at Heights

1. Definition of Work at Heights

Any operation carried out at a height of more than 2m (including 2m) above the reference level of the falling height at which it is possible to fall shall be referred to as work at heights. It includes common work at heights and special work at heights. Special work at heights includes strong breeze work at heights, high temperature work at heights, work at heights on snowy day, work at heights on rainy day, night work at heights, hot-line work at heights, suspension work at heights and rescue work at heights.

2. Falling Height Datum

The lowest level within possible falling range is called falling height datum.

3. Possible Falling Range

The cylindrical space perpendicular to the horizontal plane, which is formed by the working position as the center and the radius of the possible falling range as the radius, is called the possible falling range.

4. Base Height

Taking the working position as the center and 6m as the radius, a cylindrical space perpendicular to the horizontal plane is formed. The height difference between the lowest part of the cylindrical space and the working position is called the base height.

5. Possible Falling Range Radius

The horizontal distance defined relative to the operating position, which is specified to determine the possible falling range, is called the radius of the possible falling range. Its size depends on basic heights relevant to landform, terrain or building distribution at work site.

6. Height of Work at Heights

The maximum vertical distance from all operating positions in the operation area to the corresponding falling height datum is called the height of work at heights of the operation area, which is referred to as the working height.

2.1.2 Classification of Work at Heights

1. Class of Work at Heights and Radius of Possible Falling

Class I work at heights: operation height is 2-5m, and the radius of possible falling is 3m.

Class II work at heights: operation height is 5-15m, and the radius of possible falling is 4m.

Class III work at heights: operation height is 15-30m, and the radius of possible falling is 5m.

Class IV work at heights: operation height is above 30m, and the radius of falling is 6m.

2. Objective Risk Factors Directly Causing Falling

(1) The gust wind is at Grade V (wind speed 10 m/s) or above.

(2) High-temperature conditions above Class II as specified in Classification of Work-

ing in the Hot Environment (GB/T4200-2008).

(3) Outdoor environment with air temperature lower than 10℃.

(4) Sites with slippery materials such as ice, snow, frost, water, oil, etc.

(5) Insufficient natural light and poor visibility.

(6) Approach or contact with dangerous voltage electrified bodies.

(7) It is swinging and the foothold is not a plane or there is only a small plane, causing that operator cannot maintain normal posture.

(8) Rescue all disasters and accidents happened in a sudden.

(9) Handling in excess of the weight limit as specified in The Limit on Carrying-load for Physical Work (GB12330-1990).

In order to ensure the safety of work at heights, the production conditions and safety facilities on site shall meet the requirements of relevant standards and specifications, and the labor protection articles of the workers shall be qualified and complete. Safety tools and instruments used at site shall be qualified and meet relevant requirements.

2.1.3 Basic Requirements for Work At Heights Personnel

1. Physical Requirements for Work at Heights

No diseases having influence on work after being diagnosed by physician. Personnel with hypertension, heart disease, acrophobia, severe anemia, epilepsy and other diseases that are not unsuitable for work at heights shall not be engaged in work at heights. The personnel engaged in work at heights shall go through physical examination once a year.

2. Safety Education for Work at Heights Personnel

(1) Work at heights personnel shall pass Class III safety education and have necessary safety production knowledge and shall be capable of emergency first aid, especially first aid for electric shock. Class III safety education, referring to factory, workshop and post (section and shift) safety education for new factory (enterprise) employees, is the basic form of enterprise safety education system.

(2) Work at heights personnel must fasten the safety belts, and wear soft-soled shoes, safety helmet and protective gloves. Drinking is strictly forbidden before work.

(3) Tools and materials for work at heights shall be placed in the tool kit or firmly bound with ropes; objects delivering up and down shall be firmly bound with ropes, and throwing is strictly forbidden. Climbing pole and tower or shifting on pole and tower with load is forbidden. In this part, reinforced concrete pole, iron tower and steel tube tower are uniformly called as pole and tower.

(4) It is strictly forbidden to use the rope or pull wire to glide up and down the pole and tower or slide along the pole.

2.1.4 Preparations for Work at Heights

1. Weather Conditions

Operations on pole and tower shall be carried out under excellent weather conditions or immediately stopped when there is level 5 gale or humidity is more than 80% and under thunderstorm rain, hail, heavy fog and other severe weathers.

Under exceptional circumstances, live repair is required in bad weather, relevant personnel shall be organized to discuss and prepare necessary safety measures, which can be implemented after being approved by leader in charge of production (chief engineer).

2. Inspection of Pole and Tower

Before working on pole and tower, base, pole and tower body and pull wire shall be inspected to ensure they are complete and firm. Climbing is strictly forbidden when the base of the new pole and tower is not completely firm or before the temporary pull wires are completed.

3. Inspection of Climbing Tools and Facilities

Before climbing pole and tower, climbing tools and facilities such as crawling ladder, shackles and anti-falling device shall be inspected to ensure they are firm.

4. Inspection of Safety Belts

During work at heights, safety belt (rope) shall be hung on firm components or steel frame or steel wire rope specially used to hang safety belt and the safety belt shall not be hung lower than operation personnel and it is forbidden to fasten it on mobile or unstable objects, such as arrester. Check whether the buckle is fastened after wearing safety belt.

5. Safety Measures at Work Site

At the work at heights site, the operators shall not stand under the position vertical to the work site, and there shall be no irrelevant personnel passing through or staying within the possible falling range. Fence or other protective measures shall be set under the working point if work at heights is carried out at pedestrian crossing or in densely populated areas.

2.1.5 Main Hazards and Precontrol Measures of Live Working of Power Transmission Line

Because the live working of power transmission line mostly belongs to the work at heights in the strong electromagnetic field, it needs more than one person to cooperate to complete the work task, which is highly technical and risky. Operators often face the danger points such as electric shock, falling from high altitude and falling object from high altitude. Reliable safety measures must be taken in the actual operation to protect the safety of people and equipment. For details, see Table 2-1-1.

Table 2–1–1 Main Dangerous Points and Precontrol Measures of Live Working of Power Transmission Line

S/N	Hazard	Hazard factors	Precontrol measures
1	Electric shock	1.Re-closing gate is not disabled. 2.Climbing the pole and tower in a wrong way. 3.Insulating tool failure or insufficient insulation length. 4.Shielding clothes are not qualified or not worn correctly. 5.Grounding discharge is not carried out before touching metal objects. 6.Safe distance to electrified body is not enough. 7.Other illegal actions	1.Before work, the Responsible Person shall contact the control personnel on duty, deactivate the line re-closing, and perform the licensing procedures. 2.Before climbing the tower, ground potential operators on tower must carefully check the line double names, pole and tower number, and phase. After all have been confirmed correct, climb the tower. 3.If lines lose power suddenly during work, operators shall consider it as still charged. The Responsible Person shall contact the control personnel as soon as possible, and no forced energization is allowed before the on-duty control personnel getting in touch with the Responsible Person. 4.Insulating tool and insulating ropes shall be free of damage, moisture, deformation, and failure. It is not allowed to use non-I nsulating ropes (such as cotton rope, manila rope, and steel wire rope). 5.The ground potential operator on the tower shall wear flame-retardant underwear and full set of shielding clothes outside (including hat, dresses & trousers, gloves, socks and shoes). All parts shall be in excellent connection conditions. 6.When transmitting large metal objects by using insulating ropes, ground potential operators shall not touch them before ground connection. 7.Before potential transfer, equipotential operator shall obtain the approval of Responsible Person, and the minimum distance between exposed part of human body and electrified body shall not be lower than 0.3m (not lower than 0.4m for 500kV). During potential transfer, the operation shall be fast, and end shall not be used for power charging and discharging; When delivering tools and materials to ground potential operators, the effective length of insulating tools or insulating ropes shall not be lower than the requirements as specified in "Safety Regulations". 8.The Supervisor (concurrently held by the Responsible Person) shall continuously monitor the operators and correct their non-standard operation or actions in violation at any time. Special attention shall be paid to work at heights personnel to ensure that there is enough safe distance. It is forbidden to touch two non-connected electrified bodies or electrified body and grounding body

Table (Cont´d)

S/N	Hazard	Hazard factors	Precontrol measures
2	Personal injury caused by falling from heights	1.Floating objects and objects in mouth. 2.Safety helmet is not properly worn. 3.Stand below operation point. 4.Fence is not correctly arranged and sign board is not correctly hung. 5.Impulse test is not correctly carried out. 6.Other illegal actions	1.Operators working at heights shall put personal tools and fragmentary materials into the tool bag. It is strictly forbidden to hang objects in heights or keep in the mouth. 2.Ground operators must correctly wear a safety helmet and use the knots. The vertical distance from the work site shall not be less than the falling radius. 3.The work site shall be set up with fence and warning signs. The Supervisor shall pay attention at all times and prohibit non-staff members and vehicles from entering the operation area; Monitor UAV flight status to prevent personal injury caused by UAV crash. 4.After installing broadsword clamp and insulated insulator cradle, impulse test shall be respectively carried out to confirm connection is reliable without abnormalities. After disassembling broadsword clamp and insulated insulator bracket to make new insulator string stressed, impulse test shall be carried out and the connection shall be reliable and stressed conditions shall be in normal state
3	Falling from heights	1.Mental state of operators is poor. 2.Climbing equipment is not inspected. 3.Loss of safety protection or failure of safety tools. 4.Climbing actions are wrong. 5.Insulated flat ladder is not firm. 6.The climbing tools are invalid. 7.Other illegal actions	1.Before climbing, operators work at heights must satisfy the requirements of this operation, such as physical condition, mental state and skill and quality. 2.Operators who climb the tower shall first check that the shackles shall be firm, and shoe soles shall be clean, and the falling protector shall be applied; grasp the main materials, tread on shackles and climb up (down) the tower at a uniform pace. 3.Insulated rope ladder shall be arranged at a reasonable and stable positions. Equipotential operators shall tie up insulated backup protection rope, and climb up (down) ladder in uniform steps by grasping side rope and treading on cross arm. 4.The insulated flat ladder shall be arranged at a reasonable and stable position. Equipotential operators shall tie up insulated backup protection rope. Usually equipotential operators shall enter strong electric field by sitting or squatting on insulated flat ladder. In the process of movement, both main belt and back protection rope of double safety belt shall be tied up.

Table (Cont´d)

S/N	Hazard	Hazard factors	Precontrol measures
3	Falling from heights	1.Mental state of operators is poor. 2.Climbing equipment is not inspected. 3.Loss of safety protection or failure of safety tools. 4.Climbing actions are wrong. 5.Insulated flat ladder is not firm. 6.The climbing tools are invalid. 7.Other illegal actions	5.Arrangement position of "土" shaped frame shall be reasonable and reliable. After tying insulated backup protection rope, equipotential operator shall grasp "土" shaped frame column, sit securely on top cross arm, tread on bottom cross arm, quickly and smoothly enter and exit electric field with grounding operators' cooperation. 6.All operation links of intermediate potential electrician shall not lose the protection of backup protection rope and safety belt and hands and feet shall cooperate. Besides, "two-span and three-short-circuit" method shall be strictly carried out and excessive hand shaking and moving are not allowed. 7.The guide rope of self-climbing device shall be properly arranged and reliably anchored. Operators shall operate the self-climbing device in smooth lifting speed and movement. In the whole lifting process, backup protection rope of human body shall be applied and ground auxiliary personnel shall reasonably control the backup protection rope of human body to prevent personnel from losing protection. If self-climbing device is faulted, backup self-saving device can be used for descent. 8.The Supervisor shall correct the nonstandard or illegal operation at any time. Special attention shall be paid to operators to prevent them from losing the protection of safety belt or insulated backup protection rope during transposition, and it is forbidden to fasten protective rope in position lower than the operation personnel
4	Conductor falling off	1.Conductor anti-falling protection rope is not correctly used. 2.Impulse test is not correctly carried out. 3.Pin or other parts are not inspected. 4.Other illegal actions	1.Conductor anti-falling protection rope must be used and shall be moderately elastic. 2.Before dismantling the old insulator strings, impulse test shall be conducted on the insulating pulling plate, leading screw and other load-bearing tools to confirm that the connection is reliable and the load-bearing is normal. 3.Before removing load-bearing tool, the insulator spring pin shall be inspected to see if it is complete and in correct installation. Impulse test shall be carried out for new insulator string in order to confirm the connection is reliable and it is under normal stress

Table (Cont´d)

S/N	Hazard	Hazard factors	Precontrol measures
5	Self-destruction of glass insulator	1.Knock the glass insulator. 2.Safety goggles are not worn correctly. 3.Other illegal actions	1.It is strictly forbidden to touch and strike the glass insulator by working apparatus, or impact with pole and tower or other objects during operation. 2.Equipotential operators shall wear goggles to prevent injuries due to glass insulator self-explosion; the Supervisor shall correct irregularities and violations at any time
6	UAV crash	1.Safe distance to electrified body is not enough. 2.Safe distance to line is not enough. 3.Other illegal actions	1.During the flying process of UAV, the operator shall pay attention to keeping the safe distance between UAV and electrified conductor to avoid crash of UAV due to electro-magnetic induction. 2.When applied to pull the guide rope of self-climbing device, the UAV shall be operated normatively to avoid crash due to too fast traction and too intense vibration

2.2 Trauma Emergency

2.2.1 Basic Requirements for Trauma Emergency

When carrying out the trauma emergency on the spot, the personnel on the spot shall carry out the first aid work calmly and quickly while notifying the medical rescue organization promptly. Basic principle for field trauma emergency: first aid before rescue, order of priority, urgency first, vicinity prioritized, hemostasis before binding, and fixation before carrying.

2.2.2 Four Technologies for Trauma Emergency

1. Hemostasis

There are generally 5 hemostasis methods, any of them can be selected according to actual conditions, or multiple hemostasis methods can be combined and used together to reach the purpose of stopping bleeding in fastest, most efficient and safest way.

(1) Digital pressure hemostasis.

Press proximal part of bleeding vessel (artery) with finger (thumb) or palm to make vessel being pressed on nearby bone block so as to stop bleeding, which can rapidly and effectively stop bleeding. The following factors shall be noted when operating: ①Correctly understand arterial compression point; ②Compression strength shall be proper until wound stops bleeding; ③Press for 10-15min. The method can only control bleeding in a short time, thus it cannot be used for long time; ④Keep wounded limb raised.

(2) Direct compression hemostasis. The method is applicable to stop bleeding of smaller wound. Sterile gauze can be used to directly press wound for about 10min.

(3) Pressure bandaging hemostasis. The method is applicable to all wounds, and it is a reliable non-surgical hemostasis. In pressure bandaging hemostasis operation, use aseptic gauze to cover the compression wound, and then use a triangular towel or bandage to bind

up. The bandaging range shall be slightly larger than the wound.If there is no sterile gauze at site, sterile sanitary napkin or napkin can be used as substitute.

(4) Packing hemostasis.

It is applicable to large and deep wound on neck or haunch. Use a pair of tweezers to clamp sterile gauze and fill it in wound. If one gauze cannot stop bleeding, more gauzes can be added, and then bandage or triangular bandage can be used for fixation by rounding neck to other side of arm roots.

(5) Tourniquet hemostasis.

Tourniquet is only applicable to massive haemorrhage of limb, which is adopted when other hemostasis is not working. Tourniquet includes rubber tourniquet (rubber band and belt), pneumatic tourniquet (such as sphygmomanometer sleeve) and cloth tourniquet. If there is no tourniquet at site, cotton tape with excellent elasticity can be used as substitute. The tourniquet shall be padded under the tourniquet with several layers of soft cloth or the sleeve of the wounded in order to make the extremity arterial pulsation disappear as soon as possible. Relax the upper limbs every 60 minutes and the lower limbs every 80 minutes for 1-2 minutes. The time for tightening or relaxing the tourniquet shall be indicated around the tourniquet in written form. Binding time should not be more than 4h. Do not use tourniquets in the middle third of the upper arm and under the armpit to avoid nerve damage. If there is no massive haemorrhage when relaxing, the tourniquet can be temporarily suspended. It is forbidden to use the electric wire, iron wire and string as the tourniquet.

Falling from heights, impact and squeezing may cause rupture of viscera in peritoneal of the wounded, which will result in internal haemorrhage. If the wounded has no wounds in appearance, but there are symptoms such as pale complexion, feeble pulse, anhelation, dripping cold sweat, cold limbs, dysphoria, even obnubilation or shock state, the wounded shall lie flat, lift lower limbs and keep warm under help and then shall be sent to hospital for treatment. If the time for sending to hospital is long, a small amount of sugar-salt water can be fed for the wounded.

2. Bandaging

Wound bandaging shall be carried out with care and the wound shall not be touch to avoid increasing bleeding amount and pain. Dressing touching wound surface must be sterile to avoid increasing the opportunity of wound infection. Bandaging shall be carried out fast and firmly with proper degree of tightness. Knot shall avoid wound and position that should not be pressed.

Common dressing includes flexible fabric bandages, nylon nets, bandage, triangular bandage, etc. If there are no such dressings at site, local materials such as clothes and towel can be used as dressing materials.

3. Fixation

(1) Before implementing fracture fixation, systemic conditions of the wounded shall be noted, for example, cardiac resuscitation shall be carried out for cardiac arrest. Anti-shock or simultaneous treatment of shock shall be carried out firstly and hemostasis and bandaging shall be carried out for massive haemorrhage before fixation.

(2) The purpose of fixation is not reduction of fracture but prevention of fracture end movement, thus fracture end stabbing out of wound shall not be recovered.

(3) Selection of fixation device: splint shall be used for fixation, or local materials can be used if there is no splint. Wooden sticks and twigs can be used in mountainous areas, cardboard or machine handles can be used in factories, and guns can be used in the field. Under the condition that there is nothing at all, body itself can be used for fixation. For example, upper limbs can be fixed on body and lower limbs can be fixed by other side. Finger can be fixed with adjacent fingers.

(4) Temporary fixation of common fractures in different parts of the body.

Shoulder fracture: the upper arm can be fixed to the thoracic side and the forearm can be suspended with a cervical wrist strap.

Upper arm fracture: front and rear splints can be used for fixation with elbow bent and forearm hung in front of chest. If there is no splint, elbow can be bent and forearm can be also hung in front of chest.

Forearm and wrist fracture: forearm and wrist back shall be provided with a splint. Bandage or cotton tape shall be used for fixation, and elbow shall be bent and forearm shall be hung in front of chest.

Hip and thigh fractures: from the axilla to the ankle, the splint can be wrapped and fixed with bandage, or both sides can fold and be provided with a liner, bound and fixed with cotton tape.

Shank fracture: splint shall be applied at both inner and outer sides with upper part exceeding knee joint and lower part to heel, and then it shall be fixed.

Trunk fracture: the wounded shall lie on a hard board with face upwards and sand cushion placed on both sides to avoid rolling.

(5) Fixation shall be carried out with care, and it shall be firm with proper degree of tightness. Proper soft materials shall be padded between splint and skin, especially the protruding part of both ends of splint and clearance, so as to avoid avascular necrosis due to local compression.

4. Carrying

(1) The wounded shall lie on stretcher when carrying, with waist bound on stretcher to avoid falling down. Carrying shall be gentle and coordinated. When carrying on flat ground, head of the wounded shall be in rear, while the head shall be at upper part when going upstairs, downstairs or downhill.

(2) Carrying shall be carried out according to different injuries.

The wounded with simple facial fracture or upper limb fracture can assisted to leave the site after temporary fixation.

The wounded with lower limbs fracture below knee joint can be carried to leave the site.

Cervical vertebra fracture: one person shall hold the occipital and mandibular parts with both hands to maintain the post-traumatic position of the neck, while two shall hold the back, hip and lower limbs.

Thoracolumbar fracture: one shall support the head and neck, two shall support the same side of the thoracolumbar and hip, and one shall support the lower limbs and maintain the position of the spine after injury.

Hip and thigh fracture: one person shall hold waist and hip with two hands, and the wounded shall embrace the shoulder back of rescuer with two arms, and another person shall hold both lower limbs of the wounded with two hands.

(3) When transporting by vehicle, the wounded should lie flat on the vehicle. In general, head down position is forbidden, so as not to aggravate cerebral hemorrhage and encephaledema. If the patient is unconscious, his (her) head shall tilt to one side to prevent

vomit from being inhaled into trachea and causing asphyxia. Head shall be opposite to driving direction of vehicle to avoid syncope and not to aggravate pathogenetic conditions.

(4) When carrying, traumatic condition of the wounded shall be closely observed to avoid sudden change of injury.

(5) Fixation and hemostasis shall be carried out before carrying.

2.2.3 Fracture Emergency

1. Fracture Fixation Method

As for limbs fracture, splint, crabstick or bamboo pole can be used to fix the two joints on or below broken bones, as shown in Fig. 2-2-1. Body of the wounded can be also used for fixation to avoid displacement of fracture position, so as to relieve pain and avoid aggravation.

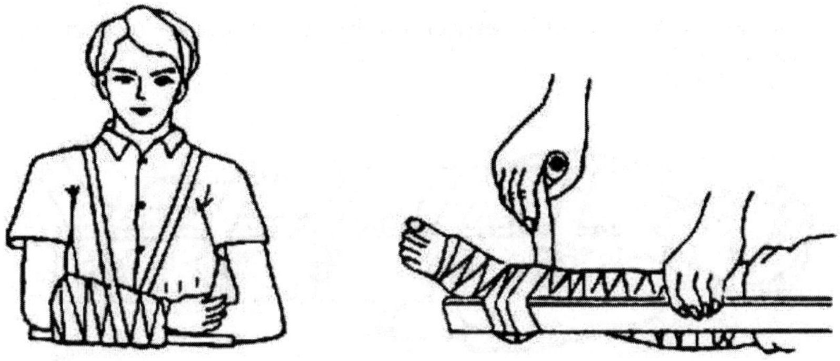

(a) Upper limb fracture fixation　　(b) Lower limb fracture fixation

Fig. 2-2-1 Fracture Fixation Method

In case of open fracture with massive haemorrhage, it is required to stop the bleeding first, then fix the fracture, cover the wound with clean cloth, and send the wounded to the hospital for treatment. Do not push the exposed broken bone into the wound.

2. Treatment for Cervical Vertebra Injury

In case of suspected cervical vertebra injury, after lying the wounded on his back, place two sides of the head with sand bags (or other substitutes) (as shown in Fig. 2-2-2) to fix the neck. When mouth-to-mouth breathing is necessary, raise the chin only to make the airway unobstructed; do not make the head moving backward or rotated to avoid paraplegia or death.

Fig. 2-2-2 Example of Cervical Vertebra Fracture Fixation

In case of lumbar vertebra fracture, make the wounded lie on a flat hard board, and fix the vertebra fracture trunk and two lower limbs together to prevent paralysis (Fig. 2-2-3). The movement of the wounded shall be carried out by several people to keep the wounded in stable state without distortion.

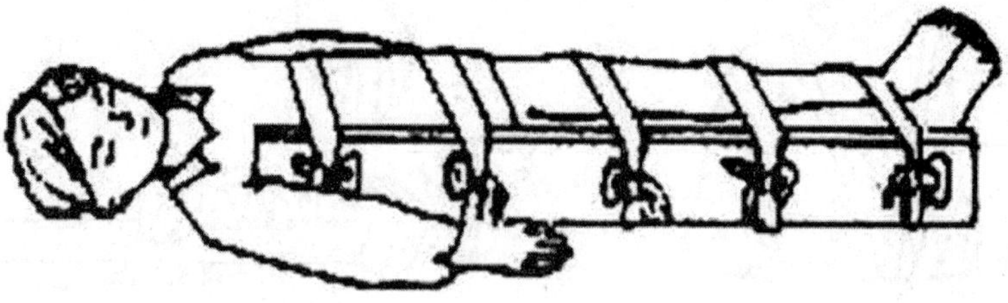

Fig. 2-2-3 Example of Vertebra Fracture Fixation

2.2.4 First Aid Treatment for Burn

1. Electric burn, flame burn or high temperature steam or water scald

Cut off and remove clothes, shoes and socks from the wounded. Cover the wound with clean cloth to avoid pollution. If limbs are burnt, wash them with clean cold water, then cover the wound with clean cloth or sterile gauze, and send the wounded to hospital.

2. Treatment of Wound

(1) In case of strong acid or alkali burns, wash the wound thoroughly with large amount of clean water and cut off eroded clothes immediately. In order to prevent the strong acid or

alkali from remaining in the wound, the washing time shall not be less than 10min.

(2) Without permission of medical professionals, do not apply any substance or ointment on burnt parts.

(3) The wounded can be fed with sugar-salt-water in small amount and high frequency on the way to hospital.

2.2.5 First Aid Treatment for Cold Injury and Animal Bite

1. Treatment for Cold Injury

(1) Since cold injury can make muscle stiff and some severe ones can even injure skeleton, the wounded shall be carried gently and his (her) body shall not be forcibly bent or moved to avoid aggravating the injury the wounded shall be laid on stretcher and lifted to a warm room for treatment.

(2) The wounded shall be covered by dry and soft clothes after the wet clothes are cut off, during which warm by a fire or rubbing with snow is not allowed.

(3) Since the wounded whose whole body is frostbitten may be in very weak breath and heartbeat sometimes, it shall not be mistakenly regarded as death, and efforts shall be made to rescue the wounded.

2. First Aid Treatment for Animal Bite

(1) If bitten by a venomous snake, do not be panic, run or drink alcohol, so as to prevent accelerating the spread of snake venom in human body.

①Most of the bites are on limbs. In such case, quickly squeeze the venom out from the upper part of the wound to the lower part repeatedly, then fasten the wound (on the side near heart) with a cloth belt to fix the injured limb, and avoid movement to reduce the absorption of the venom.

②If possible, have some Chinese drugs for snakebite before going to hospital for treatment.

(2) Bites by dog

①If bitten by a dog, wash the wound with thick soapy water immediately, then squeeze the saliva out of the wound from top to bottom, and smear the wound with iodine tincture. If there is no water around, use human urine as a substitute, and then try to find some water. Wound shall be thoroughly washed. Dog bite usually looks small but it is deep inside, which requires to widen the wound as far as possible to wash thoroughly, then squeeze surrounding soft tissue hard, and try to wash out dog saliva and blood on wound.

②In case of minor hemorrhage, do not stop the bleeding immediately nor bandage or sew up the wound.

③Trying to find out whether the dog is a "rabid dog" will be of great help to the hospital in making treatment plans.

2.2.6 First Aid Treatment for Falling Accident

Power transmission and distribution line operators are usually engaged in work at heights, which poses the risk of falling accidents. In case of a falling accident, human tissues and organs will be damaged in a certain degree due to the high-speed impact. Usually, it would cause damages to multiple systems or organs, or instant death in severe cases. Besides direct or indirect damages of organs, a falling accident may result in symptoms like coma, respiratory distress, pale complexion, apathetic facial expressions, etc., or extensive damages of viscera tissues and organs in thoracic or abdominal cavity. If foot or haunch is landed firstly, the brain would be injured by impact force passing through the backbone; if falling down with face upwards, the back and waist would suffer the impact force, which may result in laceration of anterior longitudinal ligament of lumbar vertebra, dehiscence of centrum, fracture of vertebral pedicle, or spinal injuries. Brain-stem injury is usually followed by symptoms like serious disturbance of consciousness and disappearance of light reflex, and probably, severe complications.

First aid treatment for falling accidents is as follows:

(1) Remove tools and hard objects from the wounded.

(2) In the process of handling and transferring the wounded, do not bend or twist the neck or body, keep the spine straight, do not lift the shoulder and legs respectively to avoid or not to aggravate paraplegia.

(3) Properly bandage the wound, and do not tamp the wounded suspected to suffer basilar fracture and cerebrospinal fluid leakage to avoid intracranial infection.

(4) For the wounded with injuries on maxillofacial region, keep his/her respiratory tract

unobstructed, remove displaced tissue fragment blood clot, oral secretion, etc., and unbutton his/her collar and chest. If the tongue has fallen behind or the foreign body in the mouth cannot be removed, use 12-gauge needle to puncture the cricothyroid membrane to maintain breath, and cut open the trachea as early as possible.

(5) For the wounded with combined injuries, put him/her in a supine position, keep the respiratory tract unobstructed, and unbutton his/her collar.

(6) For peripheral vascular injury, press truncus arteriosis above the wound to skeleton. Directly place thick surgical dressing on the wound and bind up with compression bandage to the extent that there's no bleeding from the wound and the blood circulation of limbs is not affected. When the above method is ineffective, a tourniquet can be used with caution. In principle, the time of use shall be shortened as far as possible, generally, not exceeding 1h. Make a mark indicating the time to use tourniquet.

(7) Give intravenous infusion, if possible, to supplement blood volume.

(8) Send the wounded to hospital for treatment in a prompt and steady way.

2.2.7 First Aid Treatment for Heatstroke

Heatstroke generally occurs in high temperature and high humidity environment. Insufficient adaptive capacity to high temperature and high humidity environment is the main reason for heatstroke. In an environment where the temperature is greater than 32°C and the humidity is greater than 60%, heatstroke is very likely to occur due to long working hours or strong physical labor and insufficient heatstroke prevention measures.

In order to avoid heatstroke in high temperature weather, it is necessary to: create a comfortable environment, ventilate the room, reduce the room temperature to 26-28°C as much as possible, and keep the indoor and outdoor temperature difference within 8°C. Pay attention to the dietary collocation, keep a bland diet and drink more water. Improve understanding of premonitory heatstroke, leave the heatstroke-prone environment in case of symptoms like dizziness, headache, thirst, sweating, generalized fatigue, and palpitation, and take cooling measures in time.

First aid treatment for heatstroke is as follows:

(1) Immediately move the patient to a ventilated, cool and dry place, such as corridor and tree shade.

(2) Make the patient lie on the back, untie the collar, and take off or loosen the coat. If the clothes are soaked by sweat, change with dry clothes, and turn on the electric fan or air conditioner (avoid direct blowing) to dissipate heat as soon as possible.

(3) Apply cold wet towels on the forehead, armpit and groin, wipe the whole body with warm water if possible, massage skin and muscles at the same time to accelerate blood circulation and promote heat dissipation.

(4) Patients who are conscious or have been cooled down can drink mung bean soup, light salt water, or take rendan mini-pills, Shidishui tincture and Huoxiangzhengqi liquid (capsule) to relieve the heatstroke.

(5) In case of symptoms like high fever, coma, convulsion, etc., make the patient lie on the side, with his/her head lean back, keep the respiratory tract unobstructed, and then call 120 immediately and ask the medical staff for emergency treatment.

2.3 Safe and Civilized Production

2.3.1 Basic Concept of Safe And Civilized Production of Electric Power

1. Meaning of Safety Production of Electric Power

(1) Ensure personal safety and put an end to casualties;

(2) Ensure equipment safety and guarantee normal and reliable operation of equipment;

(3) Ensure power grid safety and eliminate power grid collapse and large-scale blackout.

These three aspects are organic components of safety production of electric power enterprises, which are inseparable and indispensable.

2. Civilized Production of Electric Power

Civilized production is to create a clean and beautiful production and working environment with reasonable layout, where everyone develops the habit of abiding by disciplines and strictly implementing operating procedures. Civilized production is a necessary condition to ensure safe production. Civilized production reflects the management level of an enterprise, as well as the technical quality and spiritual outlook of its employees to a certain extent. In practical work, maintenance personnel of power line shall strictly abide by requirements of civilized production and process operation procedures.

2.3.2 Organization and Management of Safe and Civilized Production of Electric Power

1. Safety Management System

(1) Safety production command system with administrative leadership as the main body;

(2) Security ideological and political work guarantee system with secretary of the Com-

munist Party Committee as the core;

(3) Safety production technology guarantee system led by chief engineer;

(4) Safety and labor guarantee supervision system coordinated by labor union.

2. Safety Operation Risk Management

(1) The primary task is to prevent large-scale blackout of power grid, and the emphasis is to prevent and control risk of large-scale blackout accidents and major and serious personal injury and death accidents;

(2) It is responsible for formulating work objectives, responsibility division, measures and plans, checking, implementing and guiding improvement, and promoting management and control of dynamic risk standardization process as a whole in accordance with the principle of "unified deployment and hierarchical management";

(3) Carrying out risk identification, risk early warning, implementation and implementation of measures, and coordinating and guiding improvement and enhancement of production risk management in production activities;

(4) Organizing to carry out risk identification, risk early warning and risk control, and establishing safety risk management mechanism in power grid, equipment and production environment.

Chapter 3

Tools and Instruments for Live Working and Their Application

3.1 Tools and Instruments for Live Working of 110kV Line and Their Application

Tools and instruments for live working refer to appliances, tools, instruments and apparatus used by working personnel in the process of live working process. In working condition, tools and instruments for live working are subjected to electrical and mechanical loads, and their quality is directly related to the safety of operating personnel and equipment. Therefore, tools and instruments for live working shall be safe and reliable with sufficient electrical insulation performance, mechanical strength and reasonable structure, as well as light and flexible with advanced technology, and tools and instruments used in rainy days and washed in live operation shall have strong hydrophobicity.

There are many types of tools and instruments for live working, which can be classified as personal protective equipment, metal tools, insulating tools, instruments and apparatus according to their application.

3.1.1 Personal Protective Equipment

Personal protective equipment includes shielding clothes, conductive shoes, flame-retardant underwear, goggles, double safety belts, safety belts, rope grabbers, falling protectors, etc. for live working.

1. Shielding Clothes for Live Working

In a high voltage electric field, there might be electric current flowing through human body due to electromagnetic induction, which shall endanger personal safety, so operating personnel for live working often need to wear a full set of shielding clothes. Shielding clothes for live working (hereinafter referred to as shielding clothes), also called equipotential voltage-sharing clothes, are made of uniform conductor material and fiber material, and composed of clothes, trousers, socks, hats, gloves and other components. When the operator wears the shielding clothes, an equipotential shielding surface will be formed on all external parts of the human body in the strong electromagnetic field to protect the human body from damages of high voltage electric field and electromagnetic wave as shown in Fig. 3-1-1.

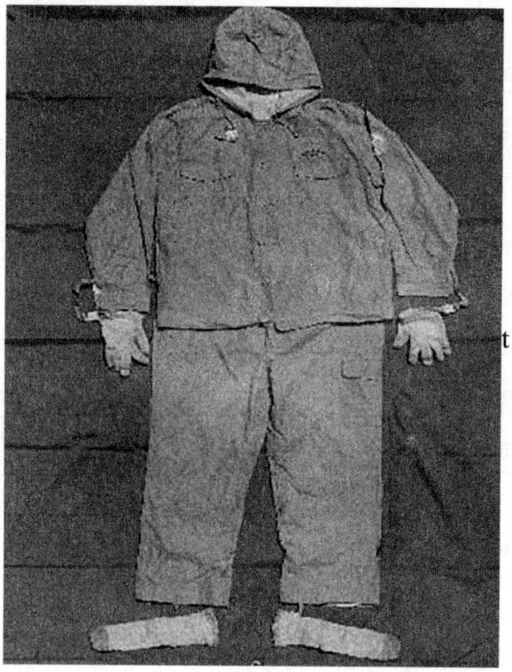

Fig. 3-1-1 Shielding Clothes

Shielding clothes can be classified into two categories according to conditions of usage: Type I and Type II, as shown in Table 3-1-1.

Table. 3–1–1 Category Table for Shielding Clothes

Category	Shielding effectiveness, dB	Fusing current, A
Type Ⅰ	⩾40	⩾5
Type Ⅱ	⩾40	⩾30

Shielding clothes is made of wire cloth. There are varieties of wire cloth. In China, 0.025mm, 0.03mm or 0.05mm fine copper wire and superfine glass fiber, PTFE fiber, tussah silk or cotton fiber are usually used for weaving twill or plain cloth.

Shielding clothes shall have good shielding performance, low resistance, proper flow capacity, certain flame retardancy and good wearability. Each part of shielding clothes shall be connected reliably through two detachable connectors which shall not be disconnected during the working process. The resistance between the farthest points of the whole shielding clothes shall not be greater than 20Ω; under specified voltage level, the measured value of surface field intensity at three parts of the shielding clothes, the chest, the back and the top inside the cap, shall not be greater than 15kV/m; the measured value of surface field intensity of local exposed part of the human body (such as the face) shall not be greater than 240kV/m; the measured value of current flowing through the human body in the shielding clothes shall not be greater than 50μA; after the specified power frequency current is applied to the shielding clothes and the heat is stabilized for a certain period of time, the temperature rise of any part of the shielding clothes shall not exceed 50°C; the weight of a single clothes is about 1kg. Notes for use are as follows:

(1) The shielding clothes shall be packed in hard case during transportation to avoid damages to conductive materials caused by long-term heavy pressure. The shielding clothes shall be checked carefully before use for its appearance quality. If it is damaged, it cannot be used.

(2) The shielding clothes shall be checked carefully before use for its appearance quality. If it is damaged, it cannot be used. When wearing, it is necessary to connect the multi-strand metal connecting wires of various parts like clothes, hat, gloves, socks and shoes in accordance with the specified order. Underwear shall be worn inside the shielding clothes to avoid direct contact with skin.

(3) Equipotential operation shall be conducted in strict accordance with the Working Regulation on Electrical Safety of State Grid Company. It is strictly forbidden to short connect grounding current, no-load circuit and capacitance current of coupling capacitor through shielding clothes.

(4) If shielding clothes is soaked by sweat in use, it shall be washed and maintained as soon as possible.

Attention shall be paid to the following aspects when washing and maintaining shielding clothes:

(1) Shielding clothes made of metal fiber and silver fiber can be washed (it is not recommended to wash that made of metalized fabrics).

(2) Shielding clothes shall be washed with neutral detergents or soft brush instead of being bleached or washed with detergents containing bleaching composition.

(3) The temperature of water used for washing shielding clothes shall not exceed 40°C. When tapwater is used to wash shielding clothes, the tap water shall be kept for more than a quarter.

(4) It is not recommended to wash shielding clothes with washing machine, and the clothes shall be naturally dried instead of twisted or spin-dried with force, or ironed.

Storage precautions: After using, shielding clothes must be stored properly, kept away from moisture and contaminant and separated with other chemicals to avoid damages and affecting electrical performance; shielding clothes shall be stored in a ventilated and dry place as far as possible.Since the conductive material in the fabric will be oxidized in the surrounding air, shielding clothes that have not been used must be packed, so that they will not be oxidized after long-term storage. For example, shielding clothes can be wrapped in a plastic bag lined with silk cloth which can separate the shielding clothes with the plastic bag to avoid mutual stick, or shielding clothes can also be packed in a special case. After using, when shielding clothes is not worn, it shall be hung and stored as far as possible to prevent functional fibers from breaking.

2. Conductive Shoes

Conductive shoes refer to the protective shoes with good conductive performance, which are capable of discharging static electricity of human body to the ground at any time, and used only in places without electric shock risk, as shown in Fig. 3-1-2. Conductive shoes can be classified into leather shoes and canvas rubber shoes according to the material, and classified as adhesive type, injection type and molding type according to the production process.

Fig. 3-1-2 Conductive Shoes

The resistance of conductive shoes shall not be greater than 500Ω. In addition to electrical performance, the main technical performance of conductive shoes also includes wear loss of the outsole, adhesion strength between the strip and the upper, folding resistance of the outsole, abrasion resistance of the outsole, and peeling strength of the finished shoes.

Use and precautions: when the conductive shoes are worn, it is not allowed to wear insulated wool thick socks and insulated insoles, and the upper and sole of the conductive shoes must be kept clean.

Storage precautions: conductive shoes shall be stored in dry and ventilated warehouse to prevent mildew. Conductive shoes shall be stacked more than 0.2m away from the ground and wall, and 1m away from any heating body. Conductive shoes shall be kept away from oils, acids, alkalis, or other corrosive substances.

3. Flame Retardant Underwear

Flame retardant underwear is a kind of underwear made of cloth woven with flame retardant fiber, and shall be used together with shielding clothes to provide flame retardant protection, as shown in Fig. 3-1-3.

Flame retardant underwear can be classified as shirt, vest and autumn clothes according to its shape. The service life of this product is affected by many factors, such as frequency of use, working environment, etc.

Use and precautions. Before use, please check to ensure that the product is free of dirt and damage, otherwise the protection performance will be reduced. The maximum cleaning temperature is 60°C. Normal cleaning and wring is allowed. Chlorine bleaching, dry cleaning and ironing are prohibited, and rotary dryer is not allowed for drying.

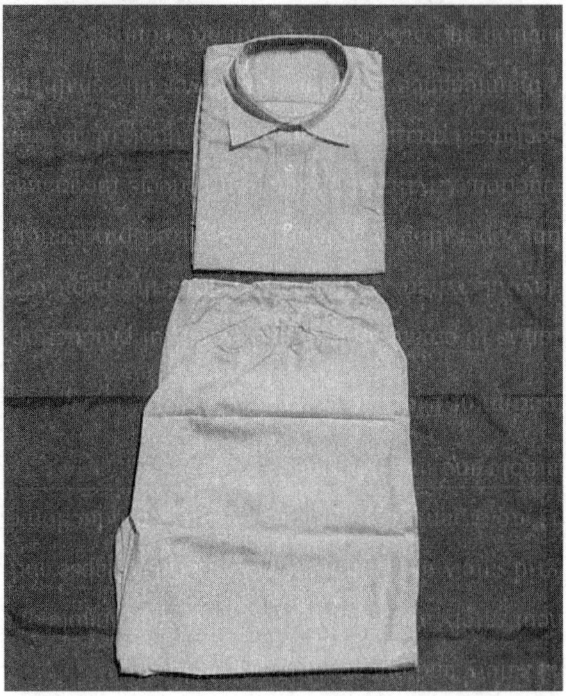

Fig. 3-1-3 Flame Retardant Underwear

Storage precautions: flame retardant underwear shall be stored in the original packaging in a dry and cool environment, away from light and freezing.

4. Goggles

The lenses of goggles used in electric power operation are generally made of special resins like polycarbonate or acetate with vent design to prevent them from fogging. Goggles are mainly used to protect the eyes from flying debris, and can effectively block ultraviolet and infrared rays generated by electric arc, as shown in Fig. 3-1-4.

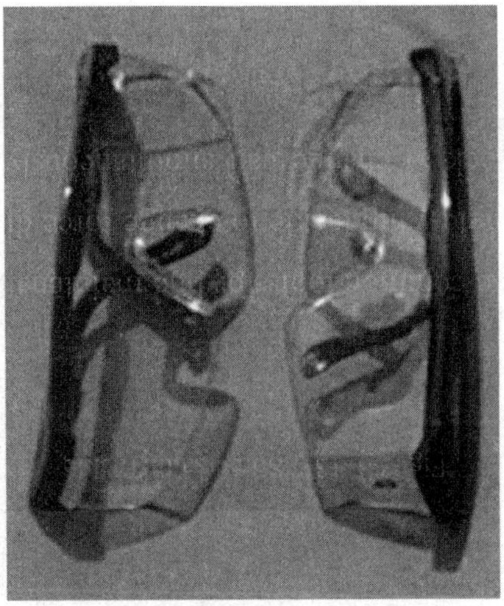

Fig. 3-1-4 Goggles

Goggles, also called protective glasses, are classified into two categories: safety glasses and protective masks.

Usage and precautions: goggles can be used together with myopia glasses. After wearing goggles, adjust tightness of the strap or frame in time; keep the lenses clean at any time, and do not touch with fingers, so as not to affect the vision; after long-term use, the lenses will become blurred and shall be replaced in time. Dirty lenses can be cleaned with warm water, soapy water, special cleaning agents, and ultrasonic lens cleaners. After washing, the lenses are recommended to be dried with soft cloth or special paper, and then be dried by airing before storage.

Storage precautions: when storing goggles, the lenses shall be properly kept in the direction that they are not easily scratched, touched and contaminated.

5. Safety Belt

Safety belt is a kind of individual protective equipment that prevents work at heights personnel from falling down or hangs them when they fall down. It is a personal protective equipment for preventing falling accidents, consisting of straps, ropes, and metal fittings. Double safety belt refers to the safety belt equipped with backup protection rope, as shown in Fig. 3-1-5 and Fig. 3-1-6.

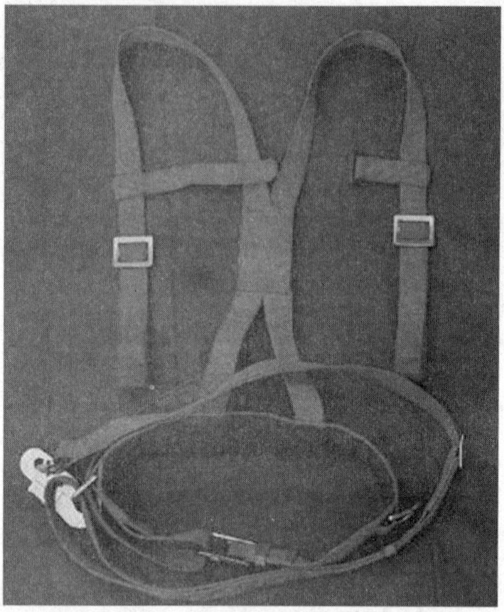

Fig. 3-1-5 Three-point Safety Belt

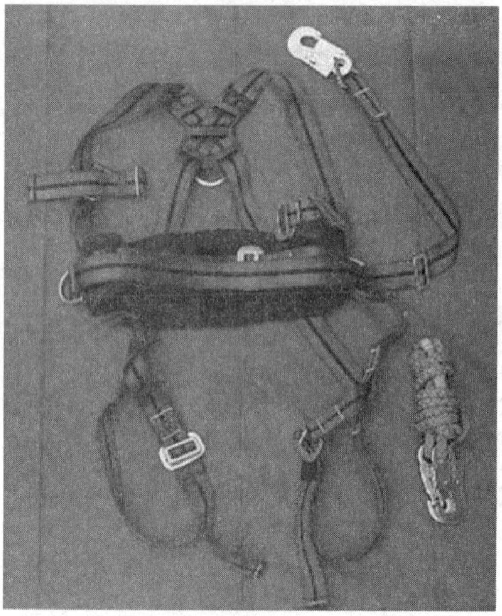

Fig. 3-1-6 Five-point Safety Belt and Backup Protection Rope

Safety belt can be classified as three-point safety belt or five-point safety belt according to its structure. Five-point safety belt is also called full body safety belt. Its use and precautions are as follows:

(1) The role of seat belt shall be attached with great importance in mind. Numerous examples have shown that the safety belt is "life-saving belt". Accidents always happen in an

instant, so work at heights personnel must fasten safety belts as required.

(2) Before use, all parts shall be inspected and confirmed to be in good condition, with certificate of conformity and within the validity period of inspection; unqualified safety belt is strictly prohibited to be used.

(3) Safety belt shall be tied to a solid component or object to prevent swinging or collision; the rope shall not be tied, nor shall the hook be directly hung on the safety rope, instead, it shall be hung on the connecting ring; if there is no fixed hanging point, steel wire rope with appropriate strength shall be used or other means shall be adopted for hanging; it is forbidden to hang on movable or unstable objects or objects with sharp edges or corners.

(4) Safety belt shall be hung above operation personnel, instead of below the personnel.

(5) Protective sleeve of safety belt rope shall be kept in good condition to protect from abrasion. If it is found that the protective sleeve is damaged or falls off, a new one must be added before use.

(6) It is strictly prohibited to lengthen the safety belt without permission. If a long rope of 3m or more is used, buffers must be provided (except for the rope for self-locking hook). Any parts of the safety belt shall not be removed at will, and a new rope sleeve shall be provided when replacing the rope.

(7) Buffers, speed differential devices and self-locking hooks can be used in series.

(8) After two years of use, safety belt shall be spot-inspected once according to the batch purchase conditions; if it is frequently used, the appearance inspection shall be carried out frequently, and it shall be replaced immediately if any abnormalities are found; the service life of the belt is 3-5 years, and it shall be scrapped in advance if any abnormalities are found. The belt of safety belt shall be subject to static load test, and it can continue to be used if it does not break after stretching by 5mm with a 2206N force; in the impact test of hanging safety belt, the belt shall be subject to a free fall test with a weight of 80kg, and the batch of safety belts can continue to be used if the belt does not break; for the sample belts after spot inspection, their safety rope shall be replaced before they are used.

Storage precautions: after use, safety belt shall be properly maintained and kept.

(1) The sewing part and hook part of safety belt shall be inspected frequently to find out whether the twisted thread is broken or damaged.

(2) Safety belt shall be stored in a ventilated and dry warehouse and kept away from high temperature, open fire, strong acid, strong alkali or sharp objects.

6. Rope Grabber

When the insulation rope ladders or self climbing device tools are used to reach high operating point, since no fixed suspension points are provided for safety belts worn by work at heights personnel, a falling protection system with rope grabbers shall be constructed and used to make sure that the operation personnel can be safely hung when falling, so as to prevent falling accidents. The system is generally composed of body insulation backup protection rope, rope grabber, and full-body safety belt (body support). Rope grabber belongs to personal protective equipment, as shown in Fig. 3-1-7 and Fig. 3-1-8.

Fig. 3-1-7 Rope Grabber in Use

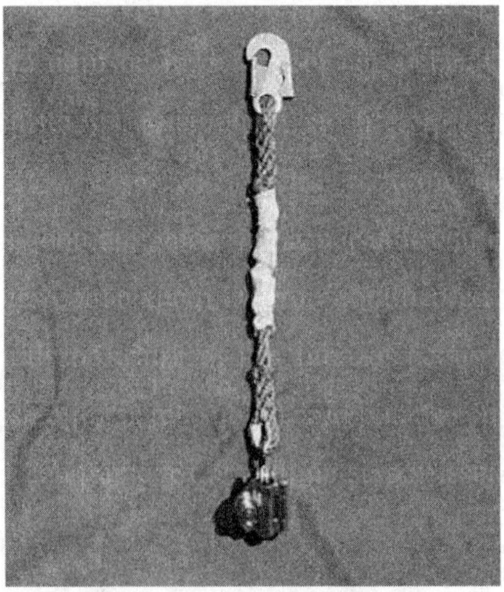

Fig. 3-1-8 Rope Grabber

Rope grabber can be classified as automatic rope grabber and manual rope grabber according to its type of work. Its use and precautions are as follows:

(1) Before use, the locking cam and self-locking rod spring of rope gripper shall be checked to ensure that the cam can move freely; the matched safety rope shall be checked to ensure there is no damage to its rope sleeve and body; the hook shall be free of rust and subject to flexible and reliable operation.

(2) The rope grabber shall be left on the human body insulated backup protection rope and pull up slightly until it reaches the locking cam position of the rope grabber. The rope grabber shall be left with at least 3.7m of human insulation backup protection rope under it as an effective working distance to keep enough locking distance and falling clearance.

(3) When the operation personnel move upwards to the working point along the human insulation backup protection rope, in order to ensure that the rope grabber can move smoothly on the human insulation backup protection rope, a heavy block or force provided by an electrician on ground can be added at the lower end of the human insulation backup protection rope.

(4) The safety rope (no more than 0.9m) hook attached to the rope grabber shall be hooked on the back ring or waist ring of the safety belt.

When rope grabber is soiled, it shall be washed with water and mild soapy liquid, then wiped by clean dry cloth, and naturally dried instead of dried with high temperature.

Storage precautions: rope grabber shall be stored in a cool, dry and clean environment to avoid direct sunlight. Rope grabber shall not be stored in places exposed to chemical vapors. After a long period of storage, thorough check of the status of the rope grip is required.

7. Falling Protector

Falling protector is used in actual operation training of altitude work on concrete pole or iron tower, which can rapidly lock the falling object in a limited distance to prevent the operator from falling or safely hang up the falling operator. The falling protector is a personal protective equipment for preventing falling accidents. Anti-drop track, steering converter, etc. shall be continuously provided from the tower foot to the operation point, with falling protectors to guarantee the safety of operation personnel at heights, as shown in Fig. 3-1-9; the falling protector used on the concrete pole shall be firmly hung on the top of the concrete pole (to facilitate the use, steel rope and steel frame can be independently erected at the proper place near the top of the pole to fix the falling protector), as shown in Fig. 3-1-10.

Falling protector for climbing tower can be classified as type C and type T falling protector according to the type of its track, as shown in Fig. 3-1-11 and Fig. 3-1-12.

Use and precautions: before use of the falling protector each time, a shock test at the lower level is required to check whether the lock is reliable, whether the lock block is stuck, and whether the shell is deformed or damaged; after the falling protector is sheathed in the track along the upward direction, the normal operation can be carried out. When the protector arrives at the position of work, the protective rope shall be hung first, then the safety belt and the falling protector can be disengaged. If it is required to be restored, the safety belt and the falling protector shall be connected first before the protective rope is disengaged; the protective test of static load test shall be carried out annually according to static load test of 15kN with falling protector and track. If the locking is reliable without slipping, and no deformation occurs to the falling protector, it is tested as qualified.

Storage and precautions: falling protector shall be stored in a dry warehouse and the water and mud must be cleaned after use.

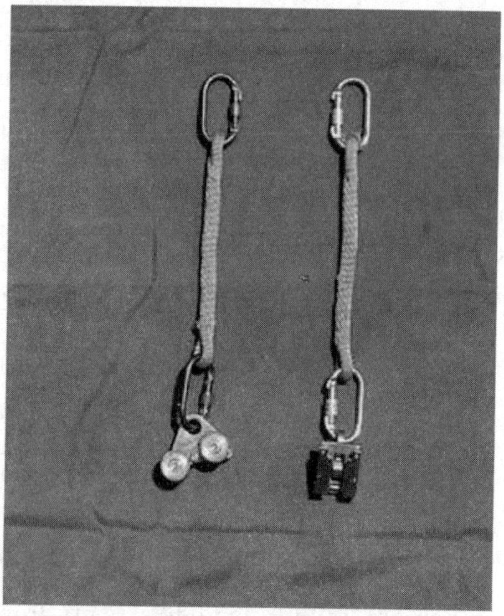

Fig. 3-1-9 Falling Protector

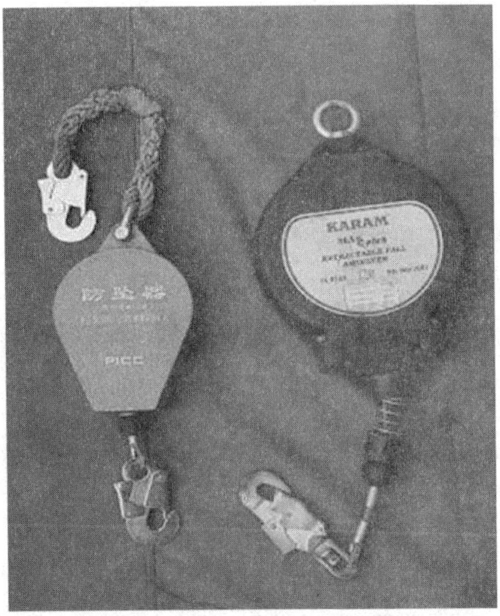

Fig. 3-1-10 Falling Protector

Fig. 3-1-11 Falling Protector in Use

Fig. 3-1-12 Type T falling Protector in Use

3.1.2 Metal Tools

Metal tools for live working of 110kV line mainly include somersault tackle, metal tackle, rope ladder head, insulator clamp, etc.

1. Somersault Tackle

Somersault tackle, composed of two parts: hook and fixed pulley, is mainly used for rope ladder, as shown in Fig. 3-1-13.

Somersault tackle can be classified as self-locking type and non-self-locking type according to the type of use.

Use and precautions: before use, it shall be checked to ensure the lock is reliable, the locking block is stuck, the pulley rotates flexibly, and the case is deformed or damaged.

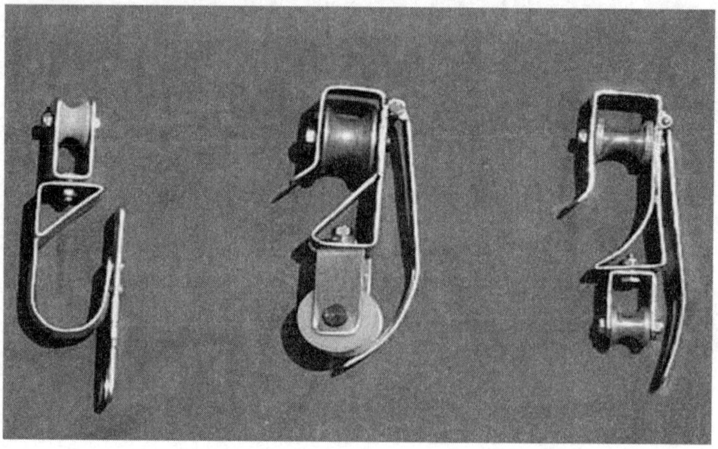

Fig. 3-1-13 Somersault Tackle

2. Metal Tackle

Metal tackle is one of the common tools for line maintenance and construction installation, which can be used as single-whip tackle to change force direction, as movable tackle to save effort, and as tackle block to change can simultaneously change force direction and save effort, as shown in Fig. 3-1-14.

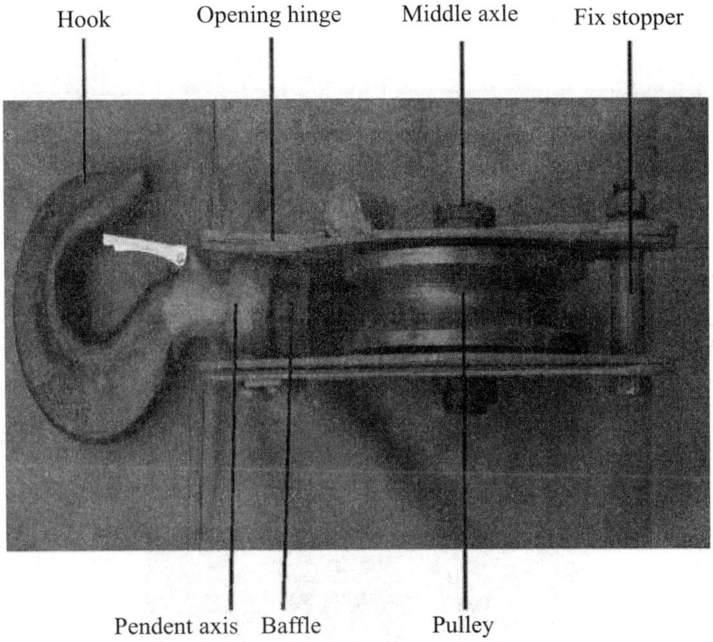

Fig. 3-1-14 Metal Tackle

Metal tackle can be classified as iron (steel) tackle, aluminum (alloy) tackle, etc. according to its material; tackle can be classified as lifting tackle, paying off tackle, etc. according to its purpose; lifting tackle can be classified as ring type lifting tackle, hook type lifting tackle, hanging bracket type lifting tackle, chain link type lifting tackle; paying-off tackle can be classified as cable paying-off tackle, large diameter paying-off tackle, ground wire paying-off tackle, etc.; tackle can be classified as single tackle, double tackle and multiple tackle according to the number of tackles. Its use and precautions are as follows:

(1) Visual inspection must be carried out before use. The inspection mainly focuses on pulley, hook or ring, opening hinge, guard plate, bearing, pin and bolt, and whether the parts are complete, free of rust, breakage and deformation; pulley, hook or ring, opening hinge, bearing rotation shall be flexible without blocking; slight deformation or wear shall not affect normal use; it is not allowed to use the tackles if there are serious deformation cracks in the hook, ring or guard plate, or the flange is damaged, the bearing is deformed, the bearing bush is worn out, the rotation is not flexible, the parts are incomplete or the load is unknown.

(2) The test certificate of tackle shall be checked for its validity.

3. Rope Ladder Head

Rope ladder head is a tool mainly used for connecting and hanging ladder on the guide wire (including live working), whose main tasks include replacing spacer bar and anti-vibration hammer of high voltage line and repairing wire, as shown in Fig. 3-1-15 and Fig. 3-1-16.

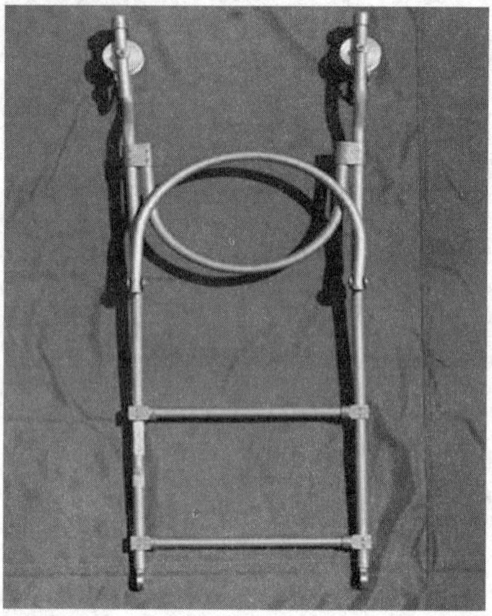

Fig. 3-1-15 Rope Ladder Head

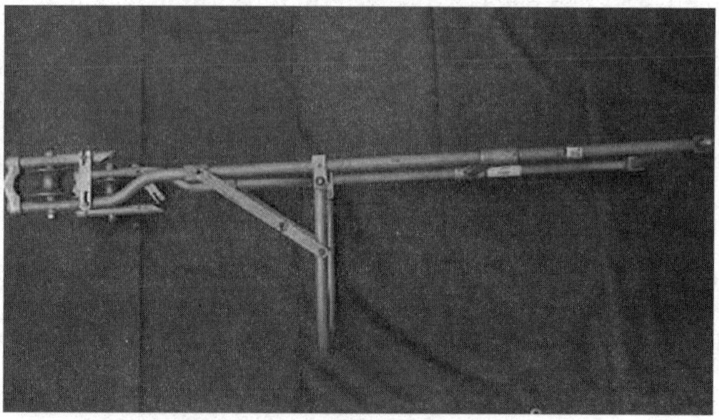

Fig. 3-1-16 Rope Ladder Head

The rope ladder head is composed of ladder frame, pulley type hook (including locking device), seat supporting rod and hanging ring. The ladder head frame is rectangular; the pulley type hook is arranged at the upper part of the ladder head frame and is used for hanging on the guide line and can slide along the guide wire. After being locked by locking device, the hanger can prevent the ladder head from falling off the guide line; the seat supporting rod is arranged on the ladder head frame at the lower part of the hook for the operator to ride; the hanging ring is welded at the lower end of the ladder head frame to connect the ladder. The rope ladder head is generally made of aluminum alloy, which is light and portable with good stability and safety.

Use and precautions: before use, visual inspection must be carried out, and the appearance of all parts shall be complete without damage or deformation; the connection part shall be firm, and the pulley and lifting ring shall rotate flexibly without jamming.

4. Insulator Clamp

Insulator clamp is the main tool for live line insulator replacement, which is made of aluminum alloy, as shown in Fig. 3-1-17, Fig. 3-1-18 and Fig. 3-1-19.

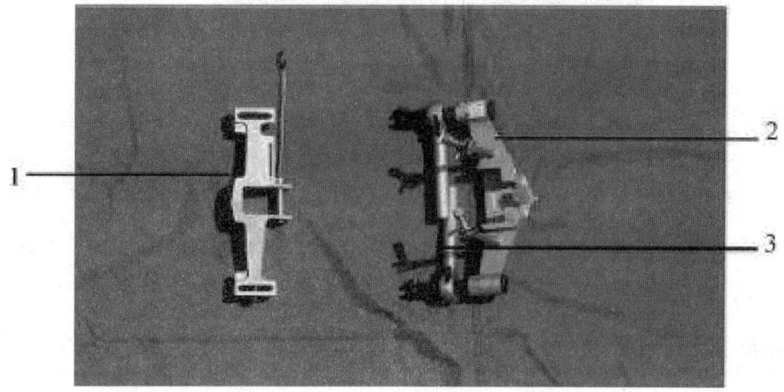

1-front clamp; 2-rear clamp; 3-screw rod

Fig. 3-1-17 Airfoil Clamp

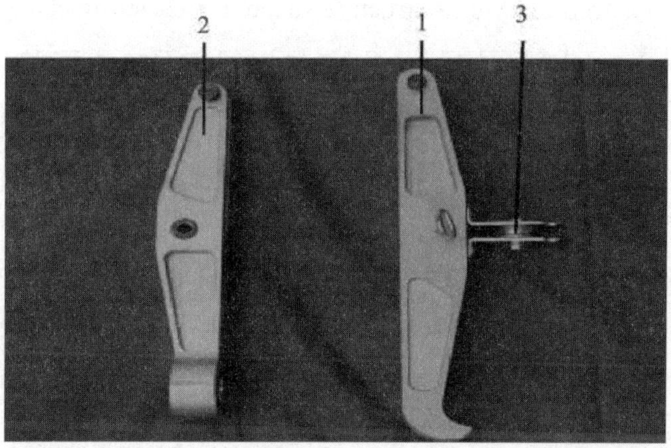

1-front clamp; 2-rear clamp; 3-lifting pulley

Fig. 3-1-18 Broadsword Clamp

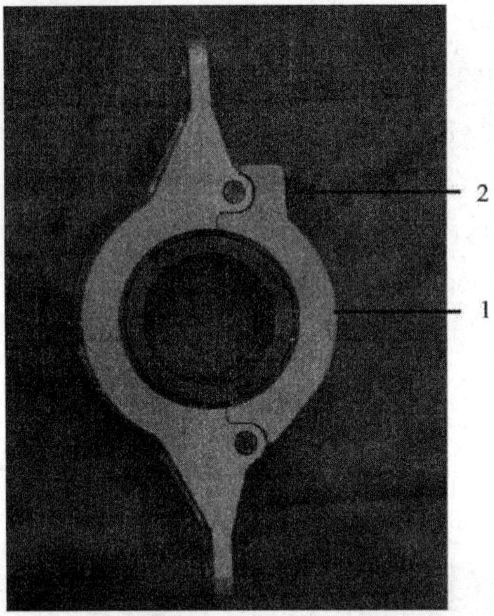

1-movable cover; 2-bolt

Fig. 3-1-19 Closed Clamp

Insulator clamp can be classified as tension string clamp, linear string clamp and monolithic insulator clamp according to its function. The codes are indicated as follows:

"N" - Tension string clamp;

"Z" - Linear string clamp;

"D" - Monolithic insulator clamp.

Tension string clamp is used to replace clamp of tension insulator and hardware, which can be classified as airfoil clamp, broadsword clamp, oblique clamp, bending plate clamp, turning plate card, etc. according to its structure shape. Linear string clamp is used to replace clamp of linear insulator and hardware which can be classified as V-shaped clamp, bracket clamp, flower-shaped clamp, hook clamp, hook plate clamp, etc. according to its structure shape. Monolithic insulator clamp is used to replace clamp of monolithic insulator, which can be classified as closed clamp, end clamp, etc. according to its structure shape.

Clamp is identified by the first letter of its name in Chinese Pinyin plus "K" according to its structure style. For example: "airfoil clamp" is identified as "YK", "broadsword clamp" is identified as "DK".

The general rated load value of clamp is:

$$P=P_0\times 25\%+5$$

Where: P - rated load of clamp, kN;

P_0 - applicable insulator or hardware level of clamp, kN.

See table 3-1-2 for specifications and technical parameters of tension string clamp.

Table 3–1–2 Specifications and Technical Parameters of Tension String Clamp

Unit: kN

Name	Model	Rated load	Dynamic test load	Static test load	failing load	Applicable insulator level
Airfoil clamp	NYK80-300	80	120.0	200.0	240.0	300
	NYK60-210	60	90.0	150.0	180.0	210
	NYK45-160	45	67.5	112.5	135.0	160
	NYK35-120	35	52.5	87.5	105.0	120
	NYK30-100	30	45	75.0	90.0	≤100
Broadsword clamp	NKD45-160	45	67.5	112.5	135.0	160
	NKD35-120	35	52.5	87.5	105.0	120
	NKD30-100	30	45.0	75.0	90.0	≤100
Turning plate clamp	NFK60-210	60	90.0	150.0	180.0	210
	NFK45-160	45	67.5	112.5	135.0	160
	NFK35-120	35	52.5	87.5	105.0	≤120
Bending plate clamp	NWK45-160	45	67.5	112.5	135.0	210、160
	NWK35-120	35	52.5	87.5	105.0	≤120
Oblique clamp	NXK60-210	60	90.0	150.0	180.0	210、160
	NXK35-120	35	52.5	87.5	105.0	≤120

See table 3-1-3 for specifications and technical parameters of linear string series clamps.

Table 3–1–3 Specifications and Technical Parameters of Linear String Series Clamps

Unit: kN

Name	Model	Rated load	Dynamic test load	Static test load	Failing load	Applicable insulator level
Linear hook clamp	ZDK60-210	60	90.0	150.0	180.0	210、160
	ZDK35-120	35	52.5	87.5	105.0	120
	ZDK30-100	30	45.0	75.0	90.0	≤100
V-shaped string clamp	ZVK60-210	60	9zz0.0	150.0	180.0	210
	ZVK45-160	45	67.5	112.5	135.0	160
Supporting plate clamp	ZTK60-210	60	90.0	150.0	180.0	210
	ZTK45-160	45	67.5	112.5	135.0	160
Hook plate clamp	ZGK60-210	60	90.0	150.0	180.0	210
	ZGK45-160	45	67.5	112.5	135.0	160
Flower-shaped clamp	ZHK45-160	45	67.5	112.5	135.0	160
	ZHK35-120	35	52.5	87.5	105.0	120
	ZHK30-100	30	45.0	75.0	90.0	≤100

See table 3-1-4 for specifications and technical parameters of monolithic insulator series clamps.

Table 3–1–4 Specifications and Technical Parameters of Monolithic Insulator Series Clamps

Unit: kN

Name	Model	Rated load	Dynamic test load	Static test load	Failing load	Applicable insulator level
End clamp	DDK105-400	105	157.5	262.5	315.0	400
	DDK80-300	80	120.0	200.0	240.0	300
	DDK60-210	60	90.0	150.0	180.0	210
	DDK45-160	45	67.5	112.5	135.0	160
	DDK35-120	35	52.5	87.5	105.0	120
	DDK30-100	30	45.0	75.0	90.0	≤100
Closed clamp	DBK105-400	105	157.5	262.5	315.0	400
	DBK80-300	80	120.0	200.0	240.0	300
	DBK60-210	60	90.0	150.0	180.0	210
	DBK45-160	45	67.5	112.5	135.0	160
	DBK35-120	35	52.5	87.5	105.0	120
	DBK30-100	30	45.0	75.0	90.0	100

According to different tower types, insulator string types and hardware types, the most commonly used insulator clamps for live replacement of insulator of power transmission line include airfoil clamp, broadsword clamp and closed clamp. The following is detailed introduction to the three kinds of insulator clamps.

(1) Airfoil clamp

Airfoil clamp assembled at the conductor end of the insulator string is called front clamp, and the one assembled at the cross arm end of the insulator string is called rear clamp, as shown in Fig. 3-1-17.

Airfoil clamp is mainly used for live replacement of single tension insulator string. During operation, it is necessary to fix the fittings on both sides of the insulator string with clamps and tighten the conductor through lead screw and insulating pulling plate, so that the insulator string can be relaxed on the insulator cradle for replacement (silicone rubber composite insulator is not suitable for the insulator cradle).

(2) Broadsword clamp

Broadsword clamp installed at the conductor end of the insulator string is called front clamp whose top is provided with a lifting pulley, and the one assembled at the cross arm end of the insulator string is called rear clamp, as shown in Fig. 3-1-18. It is mainly used for replacing tension duplex insulator string with the ground potential operation method.

(3) Closed clamp

Closed clamp includes front clamp movable cover, front clamp bolt, rear clamp movable cover, rear clamp bolt, etc., as shown in Fig. 3-1-19. It is suitable for replacing conductor at the side of tension string conductor by the equipotential working method.

Precautions for use of insulator clamp are as follows:

(1) When selecting clamp, the maximum working load shall be checked. If there are special requirements or adverse weather conditions that may cause the working load to exceed the rated load of clamp, the clamp with higher specification shall be selected.

(2) The appearance of the clamp shall be inspected before use, and the clamp shall not be used if any crack is found. Collision shall be avoided during transportation, and it is not allowed to knock or fall hard in use to avoid affecting its mechanical and working performance.

(3) The contact surface between the clamp and the hanging point shall be closely and reliably matched, and the non-contact surface shall have a gap of 1-2mm, so as to facilitate the installation or disassembly of the clamp.

(4) All parts of the clamp shall have smooth and flat surface without burr, sharp edge, crack and other defects.

Precautions for storage of metal tools: metal tools must be stored in a clean, dry and well-ventilated special warehouse; the warehouse shall be equipped with special distribution boards, dry and wet thermometers, lighting devices and consumer equipment. The indoor humidity shall be kept at 60%-70%, and the temperature shall be kept at - 5°C-35°C; the warehouse shall be equipped with high and low shelves, which shall be placed in the upper and lower layers according to the size and weight, and marked with steel stamp.

3.1.3 Insulating Tools

Insulating tools for live working of 110kV line mainly include: insulating rope, insulating tackle, insulating rope ladder, insulating bar, insulating pulling plate and insulated insulator cradle.

1. Insulating Rope

Insulating rope mainly uses silk or synthetic fiber as raw material, of which silk rope is the most commonly used, widely used in live working, and is one of the most important insulating materials in live working, which can be used as a carrier, climbing tool, lifting rope, connecting sleeve and security rope, etc. In addition, insulating rope or insulating belt can be used to make insulating rope ladder, waist belt, etc., as shown in Fig. 3-1-20.

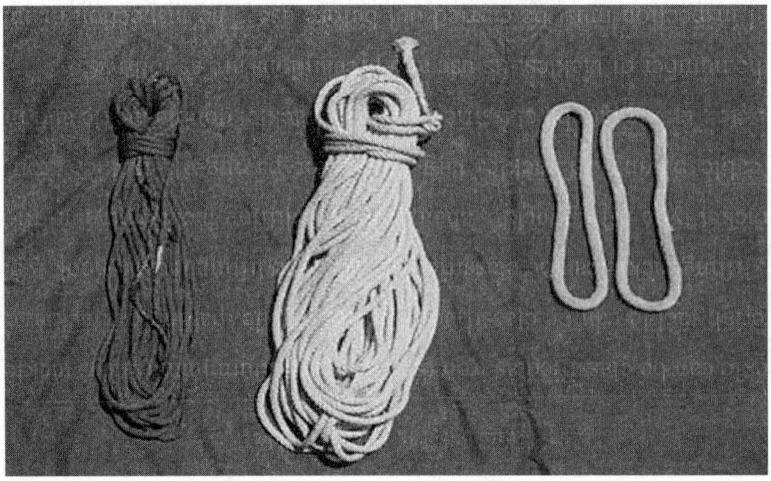

Fig. 3-1-20 Insulating rope

Insulating rope can be classified as natural fibre insulating rope and synthetic insulating rope according to its material; conventional insulating rope and moisture-proof insulating rope according to its electrical performance in damp conditions; conventional strength insulating rope and high strength insulating rope according to its mechanical strength; braided insulating rope, cordage insulating rope and woven insulating rope according to its braided technology; arc extinction rope, insulating rope sleeve, insulating safety rope, insulating distance measuring rope and lifting rope according to its application. Its use and precautions are as follows:

(1) Insulating rope must be visually checked before use. It is strictly prohibited to wrap insulating rope with metal wire; the twisted synthetic rope strands of all insulating rope tools shall be tightly twisted without looseness or separation. There shall be no fold marks, bulges, reverse strands, cramps and other defects on each strand of the rope and silk threads of each strand.

(2) Before using insulating rope, the test certificate shall be checked for validity period. Insulating ropes beyond the validity period cannot be used.

(3) Before using insulating rope, the type and diameter of the insulating rope shall be selected according to the working load, and the 2,500V and above tramegger or insulating detector shall be used for segmented insulating detection (electrode width 2cm, interelectrode width 2cm), and the resistance value shall not be less than 700MΩ.

(4) Insulating rope can only be used after passing the test and it is strictly prohibited to use unqualified insulating rope; moisture-proof insulating rope must be selected according to the environmental humidity; dirty insulating rope is strictly prohibited to be used in live working.

(5) Operators of insulating rope shall wear clean and dry gloves.

(6) Insulating rope must be placed on moisture-proof cloth during use to prevent moisture and dirt.

(7) During the use of insulating rope, the safety distance of corresponding voltage level shall be met.

2. Insulating Tackle

Insulating tackle is composed of baffle, pulley, bearing, central shaft, pulling plate, lifting shaft and hook, which is a tool used for rope guiding or load bearing in the process of 110kV live working hoisting, as shown in Fig. 3-1-21.

1-hook; 2-hanger shaft; 3-pulling plate; 4-tackle; 5-central shaft

Fig. 3-1-21 Insulating Tackle

Insulating tackle is classified into 15 types, as shown in the table. The model is compiled with the first letter of Chinese phonetic alphabet and the Arabia numeral: JH indicates insulated tackle; the number after JH indicates the rated load; the number after the short lines indicates the number of pulleys; the last letter indicates the structural features. For example: B-side plate closed type, K-side plate open type, D-short hook type, C-long hook type, J-insulated hook type, X-wire hook type, as shown in Table 3-1-5.

Table 3–1–5 Model Specifications of Insulating Tackle

Model	Name	Rated load	Number of pulley	Remark
JH5—1B	Single-wheel closed type insulating tackle	5	1	
JH5—1K	Single-wheel opening type insulating tackle	5	1	
JH5—1DY	Single-wheel multi-purpose hook type insulating tackle	5	1	
JH5—2D	Two-wheel short hook type insulating tackle	5	2	
JH5—2X	Two-wheel conductor hook type insulating tackle	5	2	
JH5—2J	Two-wheel insulating hook type insulating tackle	5	2	
JH5—3D	Three-wheel short hook type insulating tackle	5	3	
JH5—3X	Three-wheel conductor hook type insulating tackle	5	3	
JH10—2D	Two-wheel short hook type insulating tackle	10	2	
JH10—2C	Two-wheel long hook type insulating tackle	10	2	
JH10—3D	Three-wheel short hook type insulating tackle	10	3	
JH10—3C	Three-wheel long hook type insulating tackle	10	3	
JH15—4D	Four-wheel short hook type insulating tackle	15	4	
JH15—4C	Four-wheel long hook type insulating tackle	15	4	
JH20—4D	Four-wheel short hook type insulating tackle	20	4	
JH20—4C	Four-wheel long hook type insulating tackle	20	4	

Use and precautions: (1) Select bearing tonnage of insulating tackle according to use needs; (2) Select short hook type or long hook type according to different characteristics of use location; (3) Apply pulley block to save labor and realize better distance control when replacing linear insulator.

3. Insulating Rope Ladder

Insulating rope ladder is composed of side rope, ring rope and ladder rung. Side rope and ring rope shall be made of mulberry silk or flame-retardant insulating fiber with performance no lower than that of mulberry silk, and the ladder rung shall be made of epoxy phenolic laminated glass cloth. In the process of live working operation, insulating ladder is used for equipotential operators to enter the electric field or other work at heights places, as shown in Fig. 3-1-22.

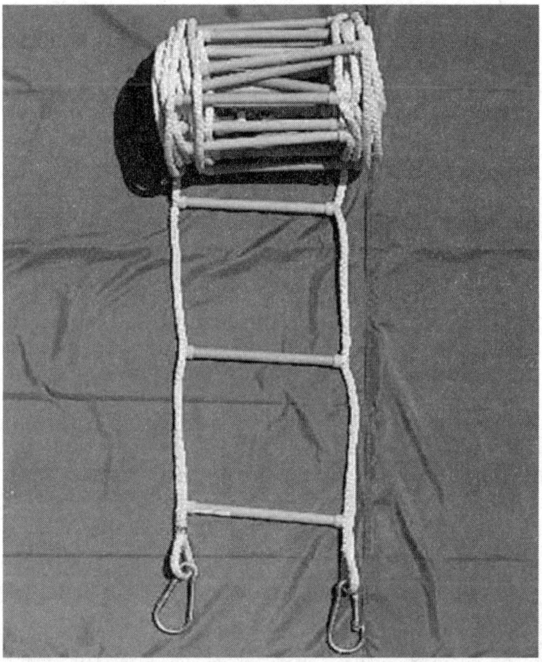

Fig. 3-1-22 Insulating Rope Ladder

According to the step distance of insulating rope ladder, there are three kinds of insulating rope ladders: 300mm, 400mm and 500mm. Insulating ladder can be classified as conventional type and moisture-proof type insulating ladder according to its electrical performance in damp conditions. Its use and precautions are as follows:

(1) The length of insulating ladder shall be selected according to the height of the operation point.

(2) When entering the equipotential electric field, the somersault tackle and lifting rope shall be hung first; then the insulating rope ladder and backup protection rope shall be lifted

through lifting rope.

(3) Backup protection rope shall be used for climbing rope ladder through the following two ways: climbing from the side or climbing from the front.

(4) When transferring potential between the climbing rope ladder and the ladder head, attention must be paid to the distance between the exposed part of human body and the electrified body.

(5) For operation with rope ladder or mobile operation with rope ladder head, only 1 personnel allowed. The operator shall reliably lock the locking device of the rope ladder head before arriving at the ladder head for work and moving the ladder head.

4. Insulating Bar

Insulating bar is composed of two parts: joint and insulating rod, and some insulating bars are equipped with grab handle at the end. The joint of can be fixed type or disassembled type, and the joint fixed on the bar is made by high strength material. In live working, operators shall install corresponding accessories on the insulating bar, so that they can use the insulating bar to complete multiple operations such as zero value insulator detection, somersault tackle erecting, insulator pin removal, etc. while maintaining a safe distance from the electrified body. For insulating bar in 110kV live working, the shortest effective insulation length is 1.3m, the length of the end metal joint is ≤0.10m, the length of the hand-held part is ≥ 0.70m, and the overall length is 5m, as shown in Fig. 3-1-23.

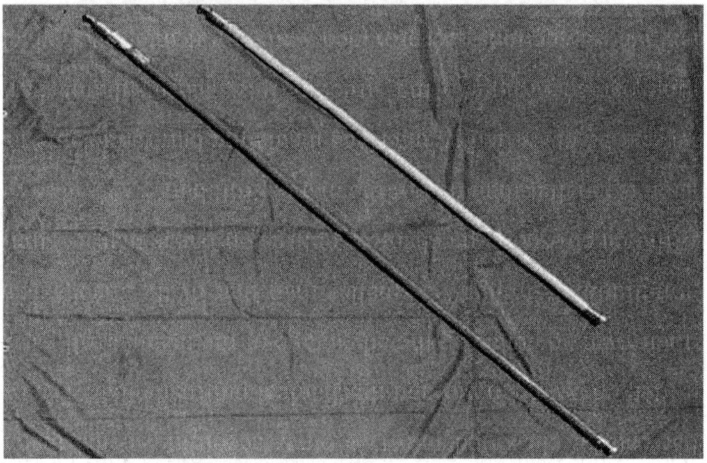

Fig. 3-1-23 Insulating Bar

Insulating bar can be classified into two types according to the material: manual roll forming bar with FRP epoxy resin bar and mechanical pultrusion bar. The two types of insulating bars have their own advantages: the advantage of the manual roll bar is that its tension is large, but its longitudinal strength is smaller than that of the mechanical pultrusion bar. The advantage of the electroscope mechanical pultrusion bar is that its strength is large, but its transverse tension is smaller than that of the manual roll bar.

Insulating bar can be classified as interface insulating bar, retractable insulating bar and maneuver insulating bar according to the structure.Interface insulating bar is a commonly used insulating bar whose sections are provided with spiral interface, which can stretch as long as 10m and can be packed by sections for easy carry; retractable insulating bar is designed by three sections, which can stretch as long as 6m. It is light in weight, small in size, easy to carry and use, and can be positioned to any length according to the use space, which effectively overcomes the disadvantage of inconvenient use due to the fixed length of the interface insulating bar; maneuver insulating bar adopts maneuver design at the interface, which will not be reversed after being tightened. Its use and precautions are as follows:

(1) When it is necessary to operate outdoors in rainy and snowy days, special insulating bar with rain and snow cover shall be used.

(2) When connecting the insulating bar, screw thread connecting section and section shall be off the ground, so as to avoid weeds or soil from entering the screw thread or adhering to the surface of the rod. The screw thread shall be tightly fastened before use.

(3) When in use, the bending force on the bar body shall be minimized to prevent damage to the bar body.

5. Insulating Pulling Plate

Insulating pulling plate is generally composed of metal fittings, hollow pipes, filling pipes and insulation plates. It is mainly used together with metal clamp for replacement of insulator, and also for replacement of cross arm and concrete pole. For insulating pulling plate in 110kV live working, the shortest effective insulation length is 1.0m, the length of the fixed part is 0.2m, and the length of movable part is 0.6m, as shown in Fig. 3-1-24.

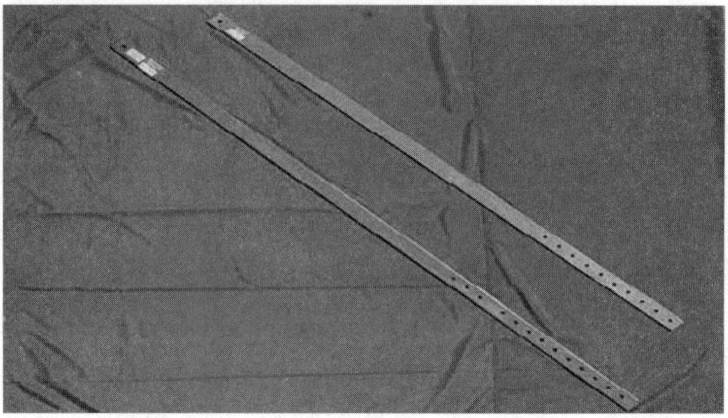

Fig. 3-1-24 Insulating Pulling Plate

Insulating pulling plate can be classified as common type, fixed type, compression bar type and insulator bracket type according to the structure, among which the first two types shall be used together with fixators and traction machines. Its use and precautions are as follows:

(1) Insulating pulling plate shall be checked before use to ensure that it is in line with the voltage level of the working circuit.

(2) The test certificate of insulating pulling plate shall be within the validity period.

(3) The appearance of insulating pulling plate shall be smooth and free from external damage such as cracks and scratches, and the connection between bar sections shall be firm.

6. Insulated Insulator Cradle

Insulated insulator cradle is an important tool for live replacement of tension and linear insulator strings on power transmission line. Both of its sides are composed of oval hollow pipe or rectangular insulating plate, and its main materials are connected by several curved plates, on which 2-3 insulating pipes are fixed to facilitate string movement of insulator. The spacing between insulating supports in insulated insulator cradle (insulator cradle with voltage level of 220kV and below) is generally about 500mm (the height of 3 pieces of insulators), as shown in Fig. 3-1-25 and Fig. 3-1-26.

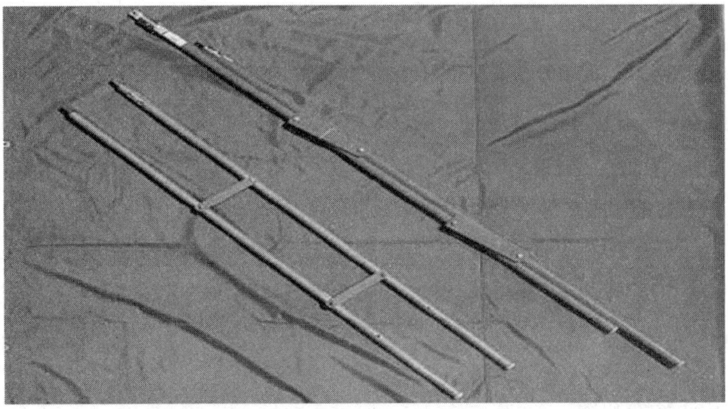

Fig. 3-1-25 Insulated Insulator Cradle

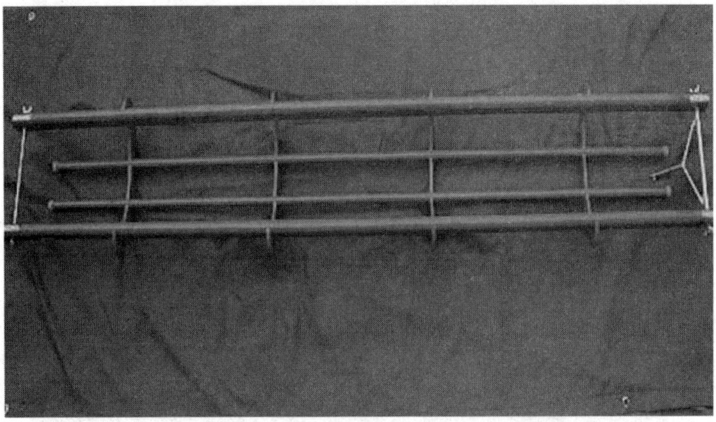

Fig. 3-1-26 Insulated Insulator Cradle

Insulated insulator cradle can be classified as linear insulator cradle and tension insulator cradle according to the function. Its use and precautions are as follows:

(1) Visual inspection must be carried out before use to check whether its main materials, curved plate and insulating pipe are deformed or slackly connected.

(2) When replacing insulator strings, it is necessary to pay attention to the match of clamps to ensure that the connection is firm and reliable, and the impact test shall be carried out to verify the connection.

(3) In the process of transmission, the insulated insulator cradle shall not collide with the pole and tower and hardware fittings, which may result in damages to the insulator cradle.

Storage precautions for insulating tools: insulating tools shall be kept in a well-ventilated, clean and dry special room. If the storage period exceeds 12 months of the production date, the electrical performance test shall be carried out according to relevant standards. In future, if the storage date reaches 12 months, the electrical performance test shall be carried out according to relevant standards.

3.1.4 Instruments and Apparatus

Common instruments and apparatus for live working mainly include spark gap detector, insulation resistance tester, clamp ammeter, anemometer, thermohygrometer, multimeter, etc.

1. Spark Gap Detector

Spark gap detector is mainly used for live detection of zero value porcelain insulator to judge the quality of porcelain insulator, as shown in Fig. 3-1-27.

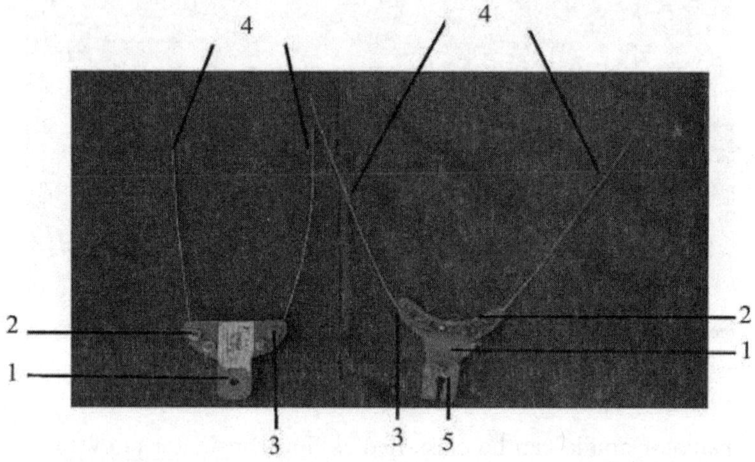

1-supporting plate; 2-contact electrode holder; 3-spark electrode; 4-contact electrode; 5-connector

Fig. 3-1-27 Example of Spark Gap Detector

At present, spark gap detector used in China can be classified into two types: fixed type and variable type. Fixed type refers to that the gap is fixed and unchangeable in the detection process; variable type refers to that the gap distance can be changed in the detection process and the distribution voltage of insulator can be roughly estimated.

It can be classified as ball-ball electrode and tip-tip electrode according to the type of spark electrode. Its use and precautions are as follows:

(1) Pin type insulator and suspension type insulator of less than 3 pieces shall not be tested with spark gap detector. In fact, the spark gap detection method is to determine the in-

sulating property of the insulator by testing and short connecting 1 insulator. When the number of insulators in the insulator string is less than 3 pieces, if 1 piece is zero, it will easily cause ground short circuit fault and burn out tools and instruments during the detection, resulting in equipment accidents.

(2) When detecting insulator string with a voltage level of 35kV and above, if it is found that the number of zero insulator pieces in the same string reaches the number in the table below, it shall be stopped immediately.

(3) Live detection of insulator shall be carried out in dry weather.

(4) The detection shall be carried out from the conductor end to the cross arm end piece by piece.

(5) Attention shall be paid to the difference between the discharge sound when the detector is close to the conductor and the discharge sound of the spark gap to avoid misjudgment.

(6) During the measurement, the minimum safe distance between the operator and the electrified body as well as the effective insulation length of the insulating bar used with spark gap detector shall be ensured.

(7) During the detection, if there is zero value insulator, it shall be retested for 2-3 times. When spark gap detector is used, the two metal probes shall slightly contact the steel cap and steel foot of porcelain insulator. Operators shall pay attention to avoid measuring the gap deformation.

Table 3–1–6 Allowable Number of Zero Insulator Pieces in the String

Voltage level (kV)	63 (66)	110	220	330	500
Number of insulators in a string	5	7	13	19	28
Number of zero insulators	2	3	5	4	6

2. Insulation Resistance Tester

Insulation diagnosis is an important measure to detect insulation defects or faults of electrical equipment. Insulation resistance tester (tramegger) is a special instrument for measuring insulation resistance, as shown in Fig. 3-1-28.

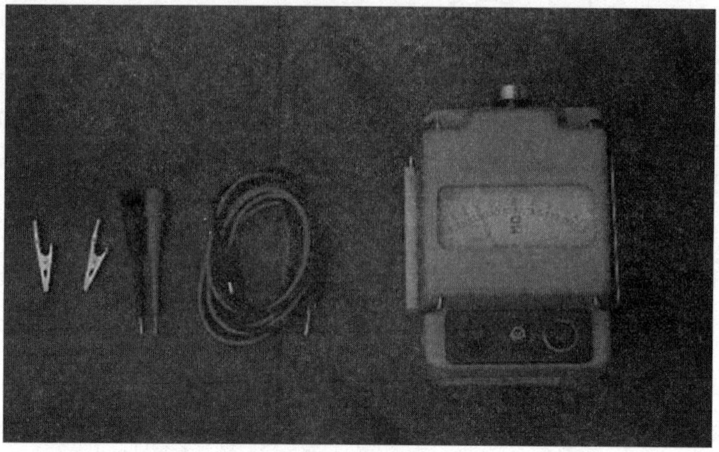

Fig. 3-1-28 Insulation Resistance Tester

Insulation resistance tester can be classified into two types: digital type and pointer type. Precautions for use are as follows:

(1) Open circuit and short circuit tests shall be conducted before use. When disconnecting L and E terminals, and shaking the tramegger, the pointer shall point to "∞"; and when short connecting L and E terminals, the pointer shall slowly turn to "0". If both of them meet the requirements, it indicates that the tramegger is normal.

(2) When measuring the insulation resistance of electrical equipment, the power supply shall be cut off firstly, and then the equipment shall be discharged to ensure personal safety and accurate measurement.

(3) When measuring, the tramegger shall be placed in a horizontal position, and the tramegger shall be pressed firmly to prevent waggle during shaking. The shaking speed is 120rpm.

(4) The test line shall be multi-strand flexible wire with good insulation performance. The two test lines shall not be twisted together to avoid inaccurate measurement data.

(5) The tested object shall be discharged immediately after the measurement. Before the crankshaft of the tramegger stops rotating and the tested object is not discharged, it is not allowed to touch the measured part of the tested object by hand or remove the conductor to prevent electric shock.

3. Clamp Ammeter

Clamp ammeter is a kind of portable instrument that can directly measure AC current of circuit without disconnecting the circuit, which is very convenient to use in electrical maintenance, as shown in Fig. 3-1-29.

Clamp ammeter can be classified as pointer type and digital type according to the display mode.

Clamp ammeter can be classified as AC clamp ammeter, multi-purpose clamp ammeter, harmonic digital clamp ammeter, leakage clamp ammeter and AC-DC clamp ammeter according to the function.

Clamp ammeter can be classified as high-voltage clamp meter and low-voltage clamp meter according to the measured voltage.

Clamp ammeter can be classified as transformer type and electromagnetic system type according to the structure and application. Transformer type clamp ammeter is commonly used, which is composed of current transformer and rectifier instrument. It can only measure alternating current. The deflection of the movable part of the electromagnetic instrument is unrelated to the polarity of current, so it can be used in both AC and DC. Precautions for use are as follows:

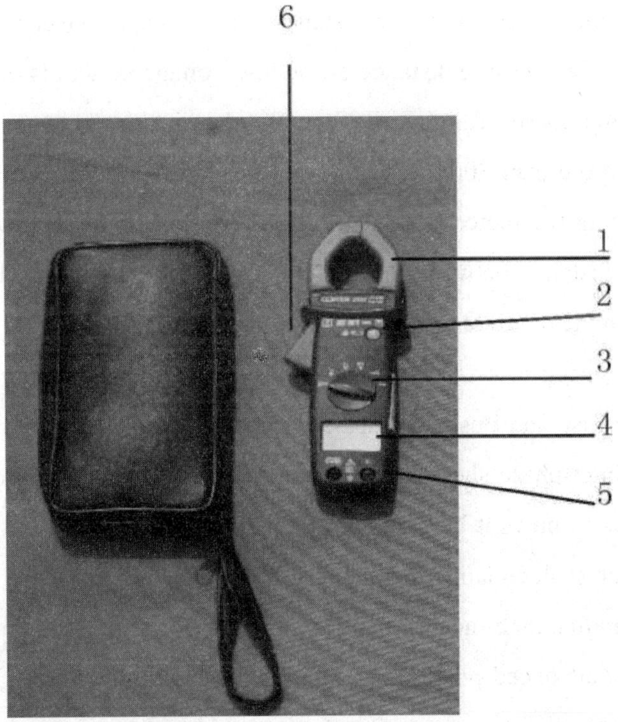

1-bayonet; 2-data lock button; 3-gear selection; 4-digital display; 5-wiring

Fig. 3-1-29 Clamp Ammeter

(1) Before measurement, the current to be measured shall be estimated first to select appropriate range. If it is not possible to estimate, a large range shall be selected first, and then reduced gradually to the appropriate gear. The shifting of range gear must be done in the case of no electricity or under the opening of the jaw so as not to damage the instrument.

(2) During measurement, the measured conductor shall be placed in the middle of the jaw as far as possible. If there is noise on the joint surface of the jaw, it shall be opened and closed again. If there is still noise, the joint surface shall be treated to make the reading accurate. In addition, the two conductors cannot be clamped at the same time.

(3) The measurement of high-voltage clamp ammeter shall be operated by two persons wearing insulating gloves and standing on insulating pad without touching other equipment to prevent short circuit or grounding.

(4) When measuring the current below 5A, in order to get a more accurate reading, if possible, the conductor should be wound several times before put into the jaw for measurement. The actual current value shall be the instrument reading divided by the number of conductors put into the jaw.

(5) During the measurement, a safe distance shall be kept between all parts of the body and the electrified body. The safe distance of the low-voltage system is 0.1-0.3m. When measuring current of each phase of high-voltage cable, the distance between the cable head and conductor shall be more than 300mm, with good insulation and measuring operation conditions. When observing the meter, a safe distance between the head and the electrified part shall be kept. The distance between any part of the human body and the electrified body shall not be less than the entire length of the clamp meter.

(6) When measuring low-voltage fusible fuse or horizontal arranged low-voltage bus current, each phase fuse and busbar shall be protected and isolated by insulating materials, so as not to cause inter-phase short-circuit. If one phase of cable is grounded, measurement is not allowed, so as to prevent breakdown of the ground due to the low insulation level of the cable head, which shall endanger personal safety.

(7) Before and after each measurement, the switch for regulating current range shall be adjusted to the most advanced position, so as to avoid instrument damage by measuring the instrument without selecting the range.

4. Anemometer, Thermohygrometer

Anemometer is a kind of speed measuring instrument that converts the flow rate signal into electrical signal, as shown in Fig. 3-1-30; thermohygrometer is an instrument used to measure instantaneous temperature and humidity as well as average temperature and humidity, with functions of measuring temperature and humidity, display, record, real-time clock, data communication and over limit alarm, as shown in Fig. 3-1-31.

Anemometer can be classified as wind cup type anemometer, propeller type anemometer, hot wire anemometer, digital anemometer and acoustic anemometer according to the principle. Precautions for use are as follows:

(1) Insert the sensor into the display meter, then raise the sensor with one hand, and operate the reading of the display meter with the other hand.

(2) Keep the posture unchanged, rotate a certain angle, and measure the wind speed again.

(3) Repeat the above steps and take the maximum wind speed after several more points are measured.

(4) If the anemometer emits abnormal smell, sound or smoke, or there is liquid flowing into the anemometer during operation, turn off the anemometer and take out the battery immediately. Otherwise, there will be danger of electric shock, fire or damage to the anemometer.

(5) Do not expose the probe and anemometer body to rain. Otherwise, there will be danger of electric shock, fire or damage to the anemometer.

(6) Do not touch the sensor inside the probe.

(7) It is forbidden to use the anemometer in combustible gas environment.

(8) Do not drop or press the anemometer. Otherwise, malfunction or damage may be caused to the anemometer.

(9) Do not touch the sensor of the probe when the anemometer is charged. Otherwise, the measurement result may be affected or damage to the internal circuit of the anemometer may be caused.

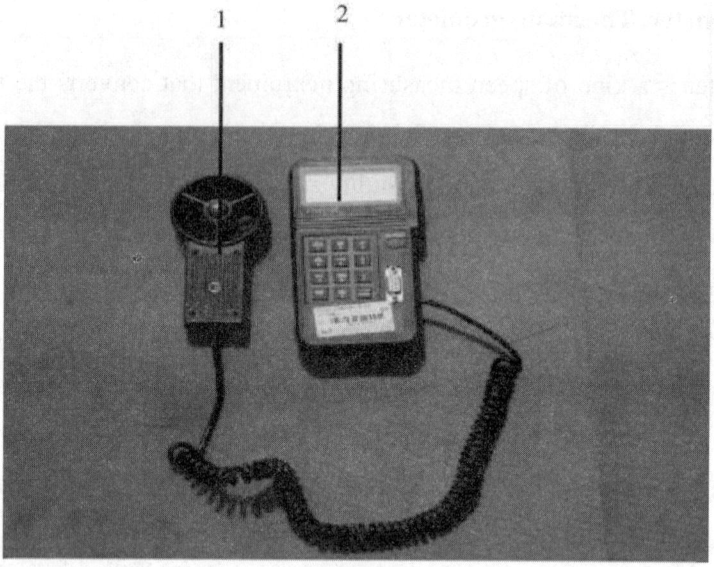

1-sensor; 2-display meter

Fig. 3-1-30 Anemometer

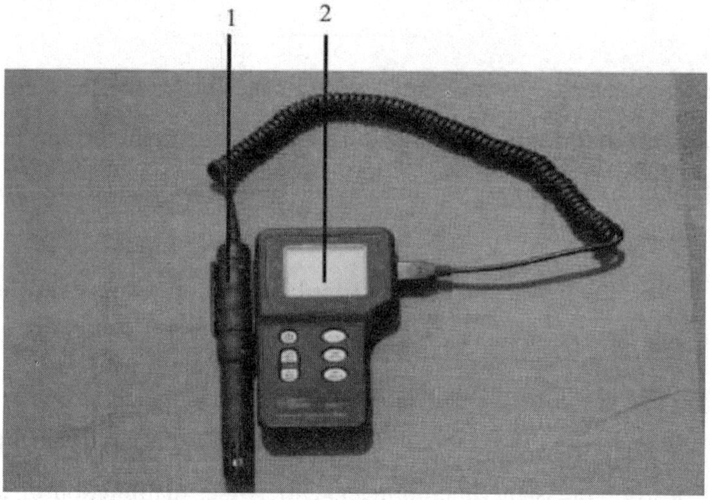

1-temperature and humidity probe; 2-display meter

Fig. 3-1-31 Thermohygrometer

Precautions for using thermohygrometer are as follows:

(1) Connect the temperature and humidity probe to the display meter, then raise the temperature and humidity probe with one hand, and operate the reading of the display meter with the other hand.

(2) If the thermohygrometer emits abnormal smell, sound or smoke, or there is liquid flowing into the thermohygrometer during operation, turn off the thermohygrometer and take out the battery immediately. Otherwise, there will be danger of electric shock, fire or damage to the thermohygrometer.

(3) Do not expose the probe and thermohygrometer body to rain. Otherwise, there will be danger of electric shock, fire or damage to the anemometer.

(4) Do not touch the sensor inside the probe.

(5) Do not drop or press the thermohygrometer. Otherwise, malfunction or damage may be caused to the thermohygrometer.

5. Multimeter

Multimeter is a magnetoelectric instrument with a rectifier, which can measure electrical parameters such as AC and DC current, voltage and resistance.

Multimeter can be classified as pointer type and digital type according to the display mode. Digital multimeter is the most commonly used digital instrument. It is featured with advantages of high accuracy, strong resolution, perfect test function, fast measuring speed, visual display, strong filtering capability, low power consumption and portability, and has gradually replace the traditional analog (pointer type) multimeter, as shown in Fig. 3-1-32. Precautions for use are as follows:

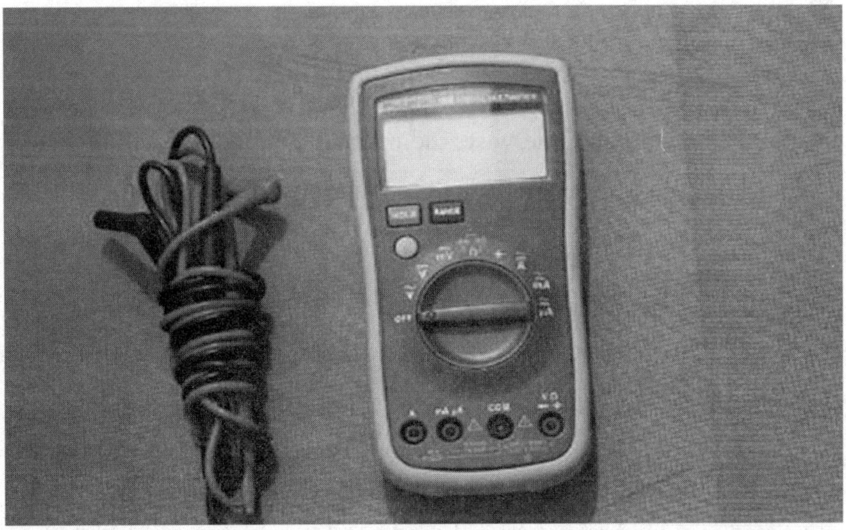

Fig. 3-1-32 Multimeter

(1) Before using multimeter, carry out the "mechanical zero adjustment" first, that is, when there is no measured power, make the multimeter pointer point at the position of zero voltage or zero current.

(2) In the process of using multimeter, do not touch the metal part of the probe by hand, which can ensure the accuracy of measurement, as well as ensure personal safety.

(3) When measuring a certain electric quantity, do not shift gears at the same time of measurement, especially when measuring high voltage or current. Otherwise, the multimeter will be damaged. If it is required to shift, disconnect the probe first, and then measure it after shifting.

(4) When using multimeter, place it horizontally to avoid errors. At the same time, pay attention to avoiding influence of external magnetic field on the multimeter.

(5) After the multimeter is used, place the change-over switch at the maximum AC voltage. If the multimeter is not used for a long time, take out the battery inside the multimeter to prevent the battery from corroding other devices in the meter.

Precautions for storage of instruments and apparatus:

(1) Store in a well-ventilated, dry and clean environment, and put on shelves;

(2) Properly maintain instruments and apparatus;

(3) Properly keep technical data and instructions of instruments and apparatus. Take out battery when instruments and apparatus are not in use for a long time. Otherwise, battery may leak, causing damages to thermohygrometer;

(4) Do not place instruments and apparatus in a place with high temperature, high humidity, dust and direct sunlight. Otherwise, the internal components will be damaged or the performance of instruments and apparatus will be deteriorated.

3.1.5 Other Tools

Other tools include: security fence, warning sign, red vest, moisture-proof tarpaulin, personal tool and towel.

1. Security Fence

Security fence is a kind of safety rail made of fiberglass to mark the scope of work clearly and ensure the safety of operators on the live working site and play a role of safety warning. It can be classified as security net (nylon safety warning belt) and stainless steel single belt security fence according to its different structure, as shown in Fig. 3-1-33 and Fig. 3-1-34.

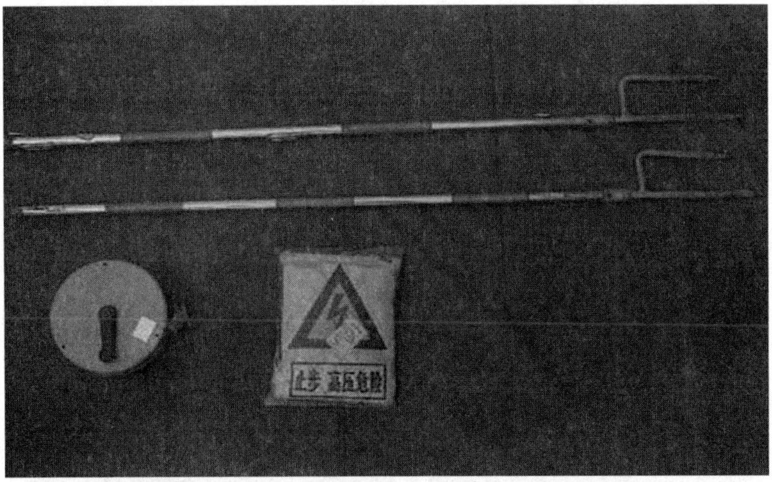

Fig. 3-1-33 Security Net and Safety Warning Belt

Fig. 3-1-34 Stainless Steel Single Belt Security Fence

2. Warning Signs

Notice board used to warn people not to approach equipment and live parts, indicate the working place prepared for operators, remind them to take safety measures and prohibit switch on of a certain equipment or a certain line. It can be classified as warning type, permission type, reminding type and prohibition type, as shown in Fig. 3-1-35, and its production standard shall be in strict accordance with relevant regulations.

Fig. 3-1-35 Warning Signs

3. Red Waistcoat

Red waistcoat refers to a special reflective vest for electric power operators. It is mainly used in all-weather work process, mainly for its conspicuity and warning of outdoor works as well as indication of their own positions, as shown in Fig. 3-1-36.

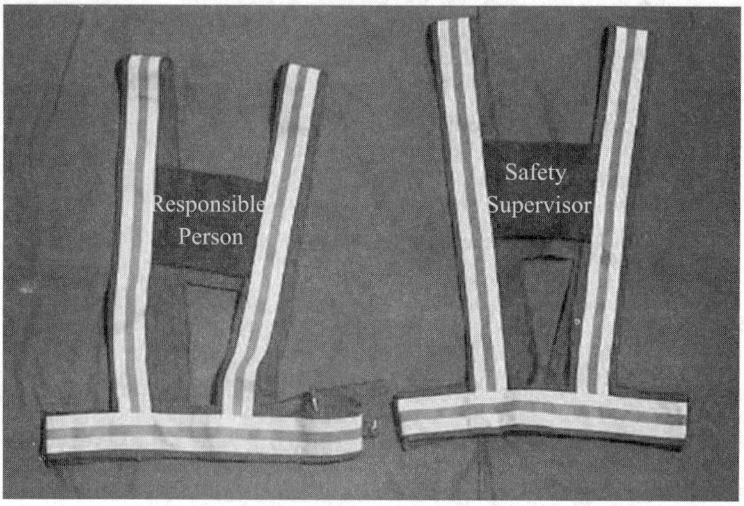

Fig. 3-1-36 Red Waistcoat

4. Moisture–proof Tarpaulin

A tarpaulin used to place tools and instruments in order to prevent their electrical performance from being affected by damp during electric power operation, as shown in Fig. 3-1-37.

Fig. 3-1-37 Moisture-proof Tarpaulin

5. Personal Tools and Towels

Personal tools mainly include tool kit, pin-pulling plier, flat-nose pliers, sharp-nose pliers, flat screwdriver, monkey wrench, gloves, etc., as shown in Fig. 3-1-38. Towels are made of cotton, mainly used for wiping insulator, insulating bar and insulating pulling plate, etc. As shown in Fig. 3-1-39.

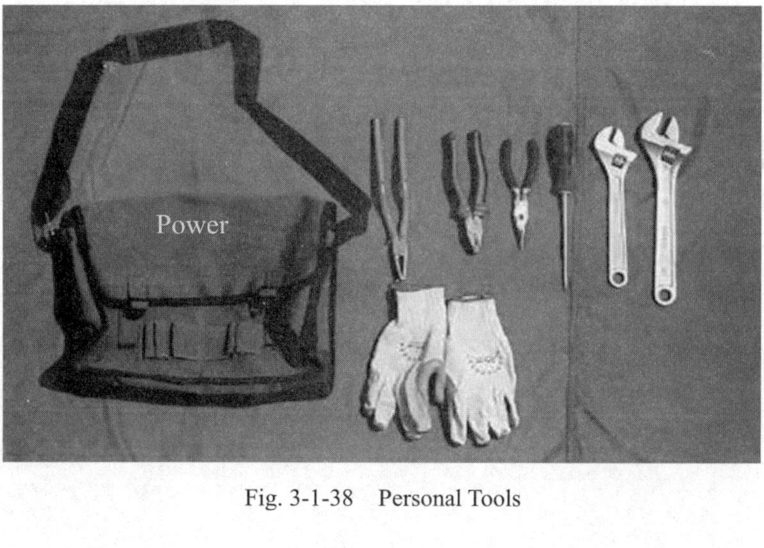

Fig. 3-1-38 Personal Tools

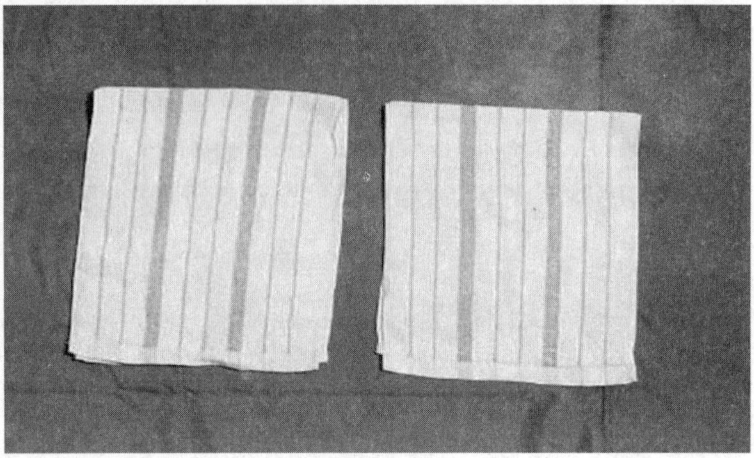

Fig. 3-1-39 Towel

Precautions for storage of other tools:

(1) Store in a well-ventilated, dry and clean environment, and put on shelves;

(2) In case of any damage, replace in time.

3.2 Tools and Instruments for Live Working of 220kV Line and Their Use

The types of tools and instruments for live working of 220kV line are the same as those of 110kV line. According to their uses, they can be classified as personal protective equipment, metal tool, insulating tool, instrument and apparatus, and other tools (security fence, warning sign, red vest, moisture-proof tarpaulin, personal tool, towel), etc. Tools and instruments for live working of the two voltage level are basically the same in material, structure, functional characteristics, use and precautions, storage, etc., see above Section 3.1 for details; the main differences are that the effective insulating length of tools and instruments for live working of 220kV line is longer, the load capacity is stronger, the complex gap is larger, and the specific size is different, for example:

The shortest effective insulating length of 220kV insulating bar is 2.1m, the length of end metal joint is ≤0.10m, the length of hand-held part is ≥0.90M, and the overall length is 6m, as shown in Fig. 3-2-1.

The shortest effective insulating length of 220kV insulating pulling plate is 1.8m, the length of fixed part is 0.2m, and the length of movable part is 0.6m, as shown in Fig. 3-2-2.

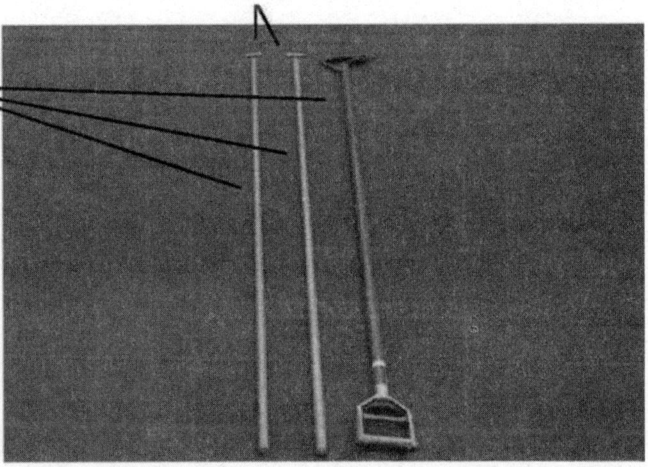

Fig. 3-2-1 Insulating Bar

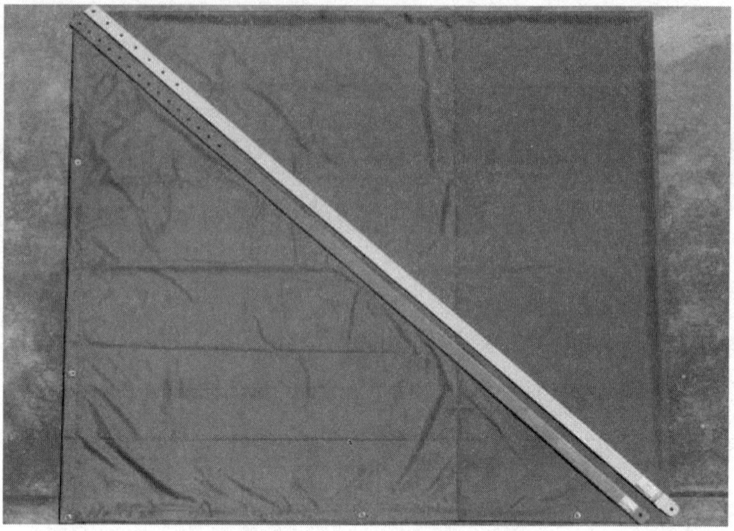

Fig. 3-2-2 Insulating Pulling Plate

3.3 Tools and Instruments for Live Working of 500kV Line and Their Use

The types of tools and instruments for live working of 500kV line are the same as those of 110kV line; according to their uses, they can be classified as personal protective equipment, metal tool, insulation tool, instrument and apparatus, and other tools (security fence, warning sign, red vest, moisture-proof tarpaulin, personal tool, towel), etc.; their materials, structures, functional characteristics, uses and precautions, storage and other aspects are basically the same as those of tools and instruments for live working of 110kV line, see the above Section 3.1 for details. But tools and instruments for live working of 500kV line has longer effective insulation length, stronger load capacity, bigger complex gap, and different specific dimensions. It is difficult for general tools and instruments for live working to meet requirements of field work, so they need to be specially designed and manufactured. Tools and instruments for live working of 500kV line can also be classified as the following types according to the nature of work and content: those entering electric field mainly include small insulating seat ladder (seat and hanging basket), insulating rope ladder, insulating hanging ladder, insulating horizontal ladder, single-foot ladder, potential transferring rod, insulating rope, etc.; those for replacing insulator mainly include traction equipment (including hydraulic or screw rod tightener, insulating tackle and light motor grinder), insulating bearing plate (rod), insulator cradle, etc.; those for insulator detection mainly include spark gap, qualitative self-climbing insulator detector, quantitative self-climbing insulator detector, quantitative insulator detector allowing detection on rod and printing on the ground, and insulation resistance meter for insulator detection (dead); those for personal protection mainly include shielding clothes, electrostatic protection suit, conductive shoes, conductive glasses, etc.; those for insulator cleaning mainly include insulator brush cleaner, water washing equipment, etc.; other tools mainly include operating rod, propeller racing, pin puller, bottle hook rod, somersault tackle, push-puller, conductor safety hook, life rope gun, interphone, engineering vehicle for live working, etc.; the following is a brief description of tools and instruments not introduced in the previous chapters and sections.

3.3.1 Tools and Instruments Entering Electric Field

Tools and instruments entering electric field for live working mainly include: small insulating seat ladder (seat and hanging basket), rope ladder, hanging ladder, horizontal ladder, single-foot ladder, potential transferring rod and insulating rope.

1. Small Insulating Seat Ladder (Seat And Hanging Basket)

Small insulating seat ladder is a portable device that enters electric field at present, and it has the same function as seat and hanging basket. In terms of portability and dimension, small insulating seat ladder is better and more widely used now. Equipotential electrician sitting and stepping on the wider beam in the middle of small insulating seat ladder is taken to the conductor or taken away from the conductor and electric field by insulating tackle fixed on cross arm with the assistance of insulating rope.

Small insulating seat ladder, 1.2m long (high) and 0.5m wide, is made of epoxy insulating materials or non-insulating materials and is featured with small volume, light weight and portability. Equipotential electrician uses it to enter and leave electric field instead of climbing insulating rope ladder, which can greatly reduce labor intensity of the equipotential electrician. As shown in Fig. 3-3-1.

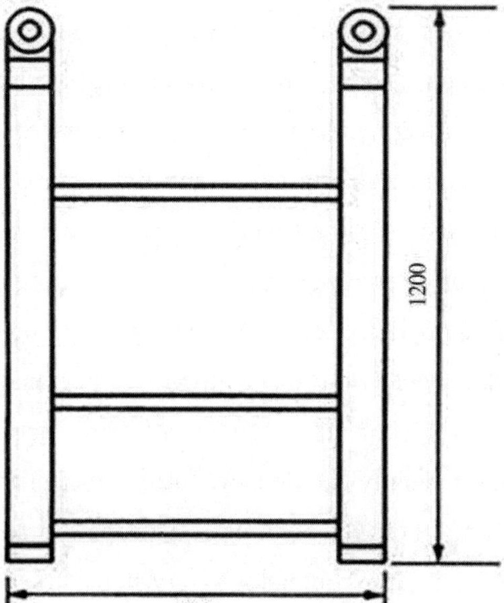

Fig. 3-3-1 Small Insulating Seat Ladder

2. Insulating Hanging Ladder

The material of insulating hanging ladder is made of 3640 hollow round pipe. When replacing linear insulator, operators can hang the insulating hanging ladder on the slide bar assembled on the cross arm side, then slide to the conductor side along the slide bar with the hook and pulley installed on the top of the ladder, and enter the electric field. As shown in Fig. 3-3-2.

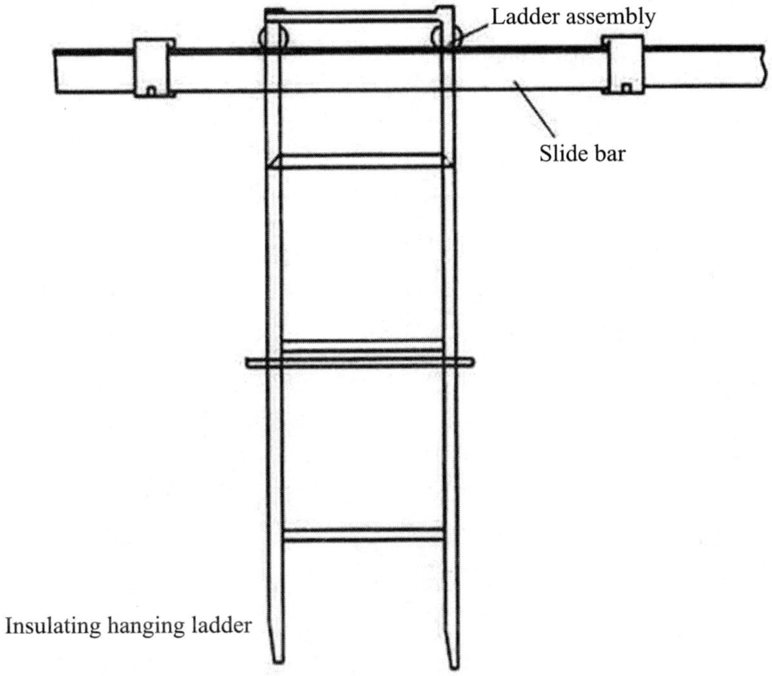

Fig. 3-3-2 Insulating Hanging Ladder

3. Single–foot Ladder

Single-foot ladder can be composed of 2 or 3 round insulating pipes, with a total length of 7-8m. Since there are many pairs of pedal shackles installed at the bottom of some single-foot ladders, which makes the ladder look like a centipede, the single-foot ladder is also called centipede ladder. After installing the top of the single-foot ladder near the insulator string hanging point of the cross arm or the connection between the cross arm and the tower body, the equipotential electrician standing at the bottom of the single-foot ladder shall rotate the single-foot ladder by taking the top of the ladder as the center and the ladder length as the radius with the cooperation of the ground potential electrician, so that the equipotential electrician can reach the conductor side and enter the electric field. Its shape is shown in Fig. 3-3-3, and the situation of entering electric field is shown in the right figure.

4. Potential Transferring Rod

When the equipotential electrician enters or leaves the electric field, there is a potential transfer process, and the potential transfer rod is used to realize the potential transfer. Its structure is shown in Fig. 3-3-4.

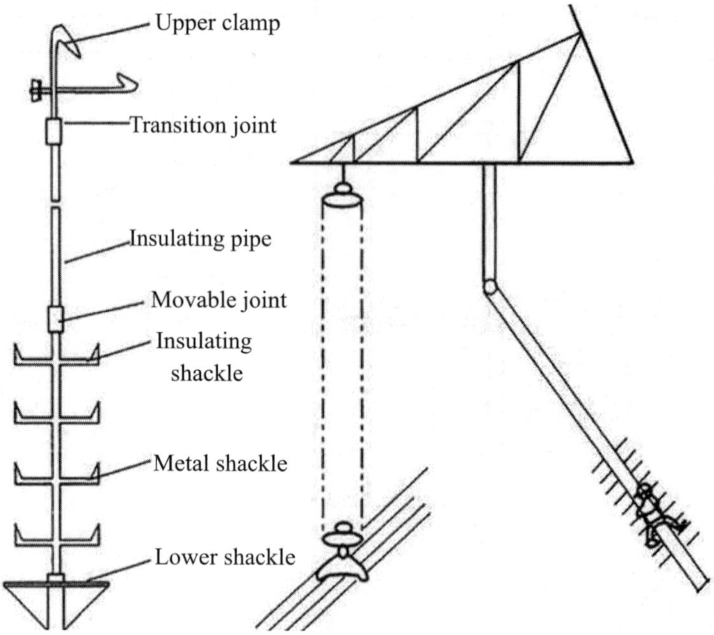

Fig. 3-3-3 Example of Single-foot Ladder and Its Live Working Entering Electric Field

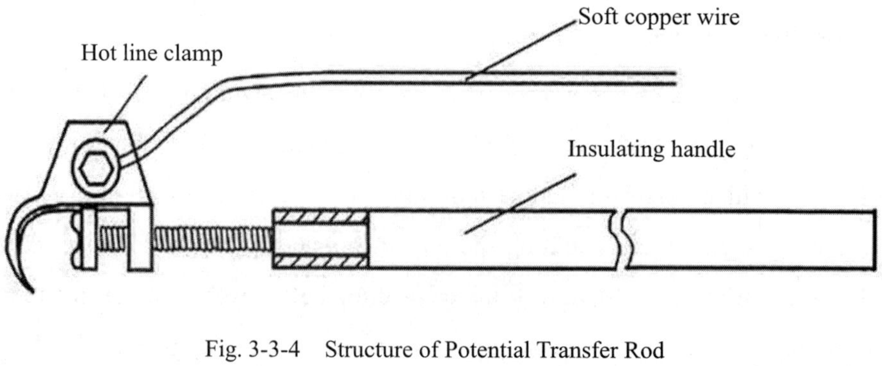

Fig. 3-3-4 Structure of Potential Transfer Rod

When the potential transfer rod is applied, the annealed copper wire shall be as short as possible to avoid accidents which are caused due to shortening the insulation complex gap. If the quality of the shielding clothes is reliable, the potential transfer can also be directly completed by the hand wearing shielding clothes glove. However, when the voltage level is above 750kV, it must be carried out with potential transfer rod. Fig. 3-3-5 Picture of Actual Potential Transfer Rod.

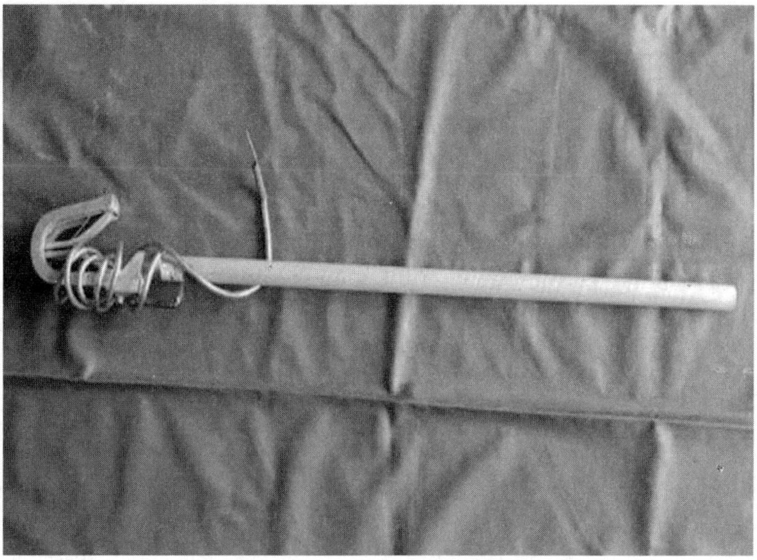

Fig. 3-3-5 Potential Transfer Rod

3.3.2 Tools for Insulator Replacement

1. Traction Device

In the process of changing insulators on the line, the traction device has two main functions: the first is tightening the wire to loosen the insulator string so that insulator could be directly replaced; the second is placing the replaced insulator chain on the earth or transferring it to the cross arm on the tower so that it could be replaced again. It can be classified as stringing device and lifting device.

(1) Stringing device

Stringing device is also called tightener, which is classified as screw rod tightener and hydraulic tightener. As shown in Fig. 3-3-6 (a), the one-stroke screw rod tightener is mainly used to replace the whole insulator string of the tangent tower. Specifically, it is connected with the insulating bearing pull plate (pole) and fixed on the cross arm, and the metal clamp or conductor hook at the other end of the insulating bearing pull plate (pole) is connected with the connecting plate or conductor to tighten the conductor and loose the insulator string. Dual-stroke screw rod tightener is shown in Fig. 3-3-6 (b). It is mainly used to replace the whole tension insulator string, tension single insulator or linear single insulator. It can be used to replace the whole tension insulator string when it is assembled together with clamp and insulating bearing pulling plate (pole). It can be used to replace tension single insulator or linear single insulator when it is assembled together with closed clamp.

In order to reduce labor intensity, the handle of screw rod is usually designed to be long, up to 400mm; or the screw angle of screw rod is appropriately reduced, and a bearing is added, so as to effectively save labor, which is also known as labor-saving screw rod or bearing screw rod. In order to further save labor, there has been a hydraulic tightener.

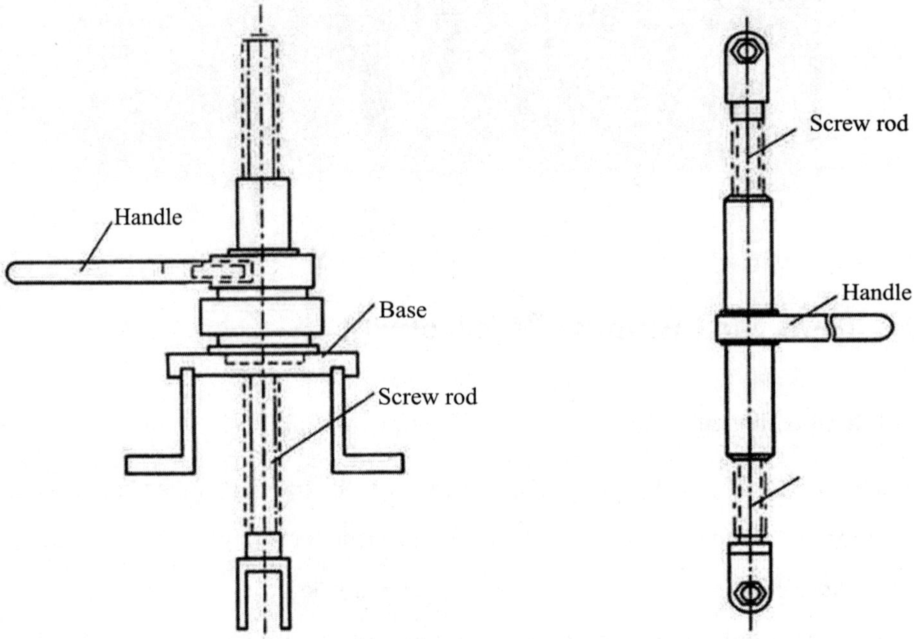

(a) Single-stroke screw rod tightener (b) Dual-stroke screw rod tightener

Fig. 3-3-6 Screw Rod Tightener

The outline of hydraulic tightener commonly used in 500kV live working is shown in Fig. 3-3-7, and the technical parameters of YJX series are shown in Table 3-3-1.

Fig. 3-3-7 500kV Hydraulic Tightener

Table 3–3–1 Technical Parameters of Hydraulic Tightener

Model	Stringing force	Working stroke (mm)			Working pressure (1×10^5Pa)	Oil storage capacity (L)	Weight (kg)
		Total stroke	Hydraulic stroke	Screw rod stroke			
YJX-3	3	130	130	—	294	0.23	4.2
YJX-5	5	300	200	100	441	0.75	9.8
YJX-10	10	400	250	150	441	1.35	11
YJX-15	15	500	300	200	441	2.05	14

Hydraulic tightener is composed of cylinder, handlance and piston rod. The cylinder, a component to reserve oil and connect rear fork, is composed of cylinder tube, end cover, capsule and outer cylinder. The handlance, as the major component to drive piston rod, is composed of shell, plunger barrel, handle and cylinder pressure valve. The front fork of piston rod is connected with the clamping apparatus fixed on electric power fittings, and pull torque is produced through high pressure oil so that the wire could be tightened. Most metal parts of hydraulic tightener are of high-strength aluminum alloy materials in the purpose of reducing weight.

The hydraulic tightener could be a substitute of a screw rod tightener, and operators could operate it with less strength, which could effectively reduce the labor intensity; but at present, the biggest drawback of hydraulic tightener is oil leakage, thus operators shall pay much attention to this problem during operation.

(2) Lifting device

Lifting device refers to manual or motor winch, as shown in Fig. 3-3-8, which is mainly used to lift the whole insulator string of 500kV and above. Currently, motor winches used for live replacement of 500kV insulator string include FM type as well as QTJ-250 and 750 types imitated those abroad. These two kinds of light motor winches are powered by steam turbine, which can transmit high-speed small-torque power to insulated winching core through clutch and transmission to output low-speed large-torque power for lifting heavy objects with the assistance of insulated transmission rope. The characteristics of motor winches for live working are that they can be directly installed on the objects at the working point (such as pole and tower), and can be disassembled and temporarily assembled as required, which is light and easy to use.

2. Insulator Cradle

Since 500kV insulator string is long and heavy, in order to reduce deflection and increase rigidity, main materials on both sides of the insulator cradle are mostly oval hollow pipes or rectangular insulating plates, and the main materials are connected by several curved plates, on which 2-3 insulating pipes are fixed to facilitate movement of insulator string in the insulator cradle.

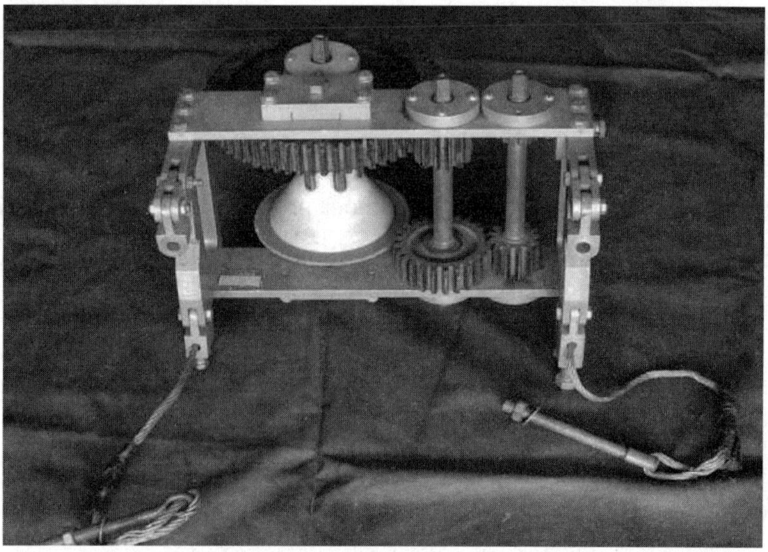

(a) Manual winching

(b) Motor winching

Fig. 3-3-8 Manual and Motor Winching

The structure of 500kV insulator cradle is the same as that of 220kV insulator cradle, and only their length and size are different. See Fig. 3-1-25 for the outline drawing of insulator cradle. Insulator cradle is suitable for the replacement of linear insulator string. When the insulator string is separated after tying a tackle at the end, the operation personnel on the cross arm can pull it to the cross arm side for replacement.

The labor intensity of operation personnel is relatively small; for example, it is difficult to manually pull the insulator string when replacing the tension insulator string; transportation and storage are inconvenient due to large size. After that, a double-layer and two-stage insulator cradle was developed, which solved defects of the original insulator cradle used in 500kV tension equipment. Its characteristics are as follows:

(1) The two sections are separate, which solves the inconvenience of transportation due to the length of insulator cradle.

(2) The double layers prevent the insulator cradle from being bent by the long insulator string.

(3) Multiple rolling insulating members are mounted on the insulator cradle.

3. Insulator Fork (Fork Plate)

Insulator fork (fork plate) is exclusively designed for replacement of linear single insulator, as shown in Fig. 3-3-9. It is featured with simple structure and convenient manufacture, thus all using units could make it by themselves. Both U-shaped rings at one end of insulator fork and the semicircular gap at the other end are designed for tying insulating sling to hold the lower insulators to be replaced.

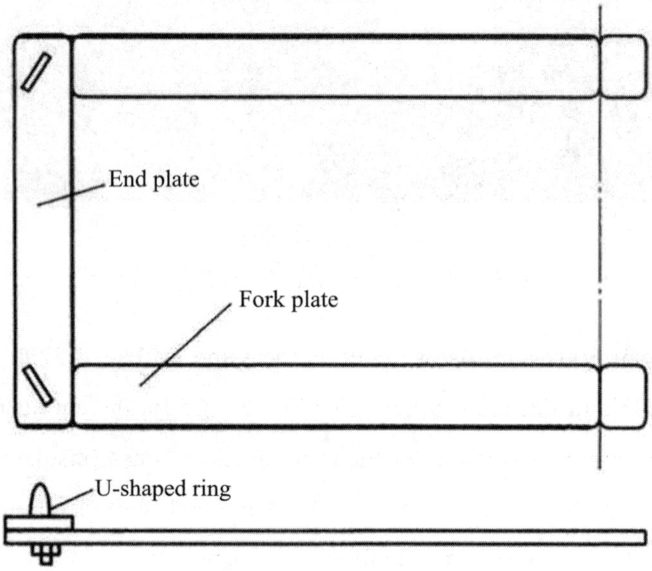

Fig. 3-3-9　Insulator Fork (Fork Plate)

4. Linear Four–hook Clamp

Most of the conductors in 500kV line are four-bundle conductors, thus the linear four-hook clamp is usually applied for the live replacement of linear insulator string (single insulator), as shown in Fig. 3-3-10.

Linear four-hook clamp is generally made of aluminum alloy, forming a complete set of lifting tools together with insulation pull rod (or pulling plate) and stringing lead screw. It has 4 upward hook openings which are exactly corresponding to the 4 sub-conductors supporting the four bundled conductors.

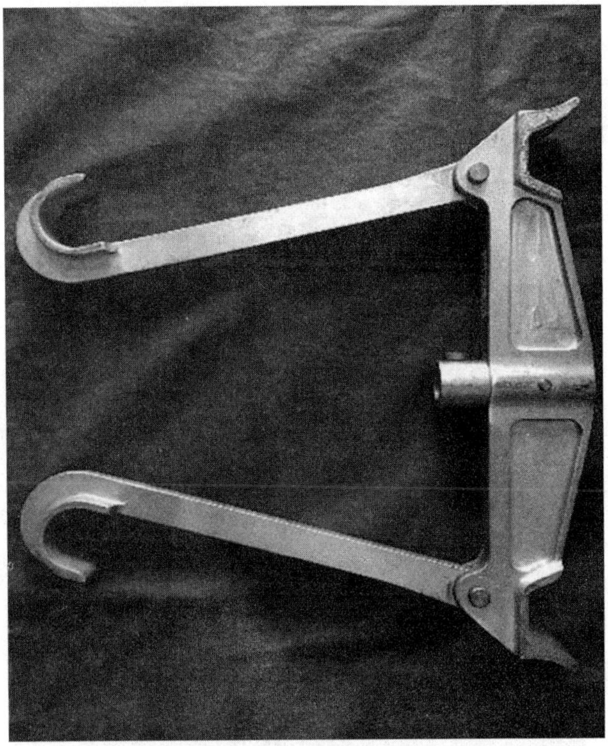

Fig. 3-3-10 Linear Four-hook Clamp

5. Special Pin Puller for R Pin

When replacing insulator of 500kV line, pin-pulling plier is generally used to remove or install the insulated bullet spring pin. In order to remove and install the R spring pin of insulator more conveniently, a pin puller for 500kV live R pin is developed, which is made of aluminum alloy. It has no working tongs. It is of simple structure and easy to carry. Its tail end has a well-designed groove. It skillfully uses the principle of lever to enable the tip of its head remove R spring pin easily, and the tail groove can increase contact surface and save force when installing spring pin, as shown in Fig. 3-3-11.

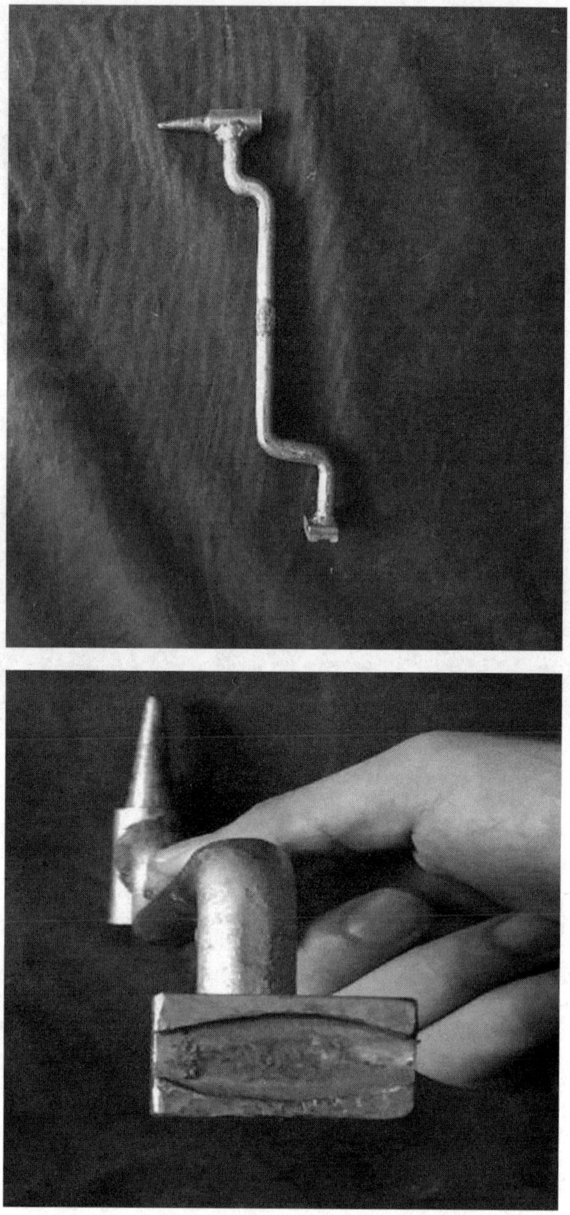

Fig. 3-3-11 Pin-pulling Plier for R Pin

3.3.3 Tools and Instruments for Insulator Detection

Tools and instruments for insulator detection can be classified as qualitative zero resistance insulator detector and quantitative insulator voltage distribution detector according to the operating principle. Qualitative zero insulator detector mainly includes spark gap detector (fixed type and variable type), self-climbing zero insulator detector; quantitative insulator distribution voltage detector mainly includes electrostatic insulator detector, insulator distribution voltage automatic detector, insulator distribution voltage ground printing detector, etc.

1. Self–climbing Zero Insulator Detector

Detectors used currently include ZP-I type zero insulator detector which is mainly used for tension insulator string, and ZZ-I type zero insulator detector which is mainly used for linear insulator string.

2. Electrostatic Insulator Detector

Electrostatic insulator detector uses the electrostatic voltmeter of the high-voltage capacitive voltage divider to lead down voltage from the running insulator and then divide the voltage through the high-voltage capacitor voltage divider to measure corresponding voltage values by the measuring principle of electrostatic voltmeter. The measuring range of the detector is divided into two grades: 0-10kV and 0-25kV. The accuracy is Grade 2.5, the electric capacity of the main capacitive voltage divider is less than 8pF. The instrument can withstand 45kV power frequency voltage for 5min.

Just as the spark gap detector, this instrument needs a long insulating bar during operation, so its use on 500kV equipment is limited.

3.3.4 Tools And Instruments for Insulator Cleaning

1. Live Brush Cleaner of Insulator

Brush cleaner is composed of cleaning brush head, insulating cleaning rod and powered rotating part. It can not only clean insulator string of power transmission line, but also clean insulating equipment of substation, as shown in Fig. 3-3-12.

Brush cleaner is generally made of plastic or palm fibre, and equipped with insulating bar. The powered rotating part can be composed of motor or air pump.

2. Live Water Flushing Equipment of Insulator

Flushing equipment consists of water pump, water gun and water conduit. Flushing includes small water flushing, medium water flushing and large water flushing. Small water flushing is a water flushing method with a nozzle diameter of 3mm or less, which is mainly suitable for live cleaning of insulator string of power transmission line; medium water flushing is a water flushing method with a nozzle diameter of 4-8mm, which is mainly suitable for live cleaning of power transmission and transformation insulation equipment; large water flushing is a water flushing method with a nozzle diameter of 9mm or more, which is mainly suitable for live cleaning of power transformation insulation equipment, as shown in Fig. 3-3-13.

Fig. 3-3-12 Live Cleaning Brush

Fig. 3-3-13 Live Water Flushing of Insulator

At present, the latest is the helicopter hotline washing, as shown in Fig. 3-3-14. In 2008, North China Grid Company Limited firstly introduced the foreign advanced equipment which successfully conducted the live water flushing to insulator string on 500kV EHV power transmission line, which solved the difficulty in cleaning insulator string of EHV transmission line on high mountains and lofty hills.

Fig. 3-3-14 Helicopter Hotline Washing

References

[1] Vocational Skill Evaluation Center in Electric Power Industry. 11-045 Vocational Skill Evaluation Instruction High Voltage Line Live Overhaul. Beijing: China Electric Power Press, 2009.

[2] Tang Xiaoqing. Practical Training Course of Construction of Power Transmission Line. Beijing: China Electric Power Press, 2009.

[3] Department of Human Resources of State Grid Corporation of China. Live Working on Power Transmission Line. Beijing: China Electric Power Press, 2010.

[4] Yang Li. Construction of Overhead Power Transmission and Distribution Line. Beijing: China Water Power Press, 2013.

[5] Cui Hongbin. Research and Application of Methods of Insulator Live Replacement of 220kV Straight Double Circuit Line [C]. Technical Seminar of Power Supply Enterprises for Live Working in 2011. China Electricity Council, August 1, 2011: 63-68.

[6] Yang Yong. Method of Live Replacement of 110kV-220kV Linear Double String Insulator [J]. Yunnan Electric Power. February 2006, Vol. 34: 45-46.

[7] Wang Mi, Ling Zhiyong and Zhang Yao. Development of A New Tool for Ground Potential Replacement of Single String Linear Insulator of 220kV Power Transmission Line [J]. Zhuzhou Power Supply Branch of State Grid Hunan Electric Power Company. Guangdong Science and Technology, December 2013. No. 24: 101-102, 58.